建设部、人事部、国家文物局联合资助项目

王瑞珠 编著

世界建筑史

印度次大陆古代卷

·下册·

中国建筑工业出版社

审图号：GS（2021）2333号

图书在版编目（CIP）数据

世界建筑史. 3，印度次大陆古代卷 / 王瑞珠编著
. —北京：中国建筑工业出版社，2021.6
ISBN 978-7-112-25564-1

I. ①世… II. ①王… III. ①建筑史—世界②建筑史
—印度—古代 IV. ①TU-091

中国版本图书馆CIP数据核字（2020）第190503号

第五章 印度南部

就文化而言，印度南部可认为由三个地区组成：半岛南部的沿海地带及没有山脉的内陆地区；西海岸卡纳塔克邦操马拉雅拉姆语[1]的地区和现喀拉拉邦，该区一直延续到最南端的科摩林角（现称根尼亚古马里）；最后是泰米尔族居住的泰米尔纳德邦，沿整个东海岸直至马德拉斯。泰米尔纳德邦和喀拉拉邦在面积和特点上均有很大差异：喀拉拉邦是个狭窄的海岸地带，雨量充沛，土地肥沃，人口密集；泰米尔纳德邦面积要大好几倍，气候相对干燥，其南部占了半岛三分之二的面积。卡纳塔克邦尽管南端插在泰米尔纳德邦和喀拉拉邦之间，但它实际上并不属于印度南部，而是主要位于德干高原。在艺术上这一地区可算是一个边界地带，是来自印度南部和次大陆其他地区影响的交汇处。安得拉邦的情况也是如此，其官方语言泰卢固语（Telugu）和卡纳塔克邦官方语言卡纳达语（Kannada，Canarese）、泰米尔纳德邦通行语言泰米尔语（Tamil）、喀拉拉邦通行语言马拉雅拉姆语（Malayāḷaṁ）均属达罗毗荼语系（Dravidan），而非印欧语系。这时期在印度南部有多个王国，即哲罗（Cera，古译"鸡罗"，约公元前4世纪~公元12世纪）、帕拉瓦（Pallava，275~897年，统治地区包括泰卢固地区和北部泰米尔地区）、朱罗（Chola，Coḷa，又名注辇，约公元前300~公元1279年，位于今泰米尔纳德邦）和潘迪亚（Pāṇḍya，约300~1650年）。

在考察印度南方的建筑和艺术时，很难把它们和次大陆的其他地区进行对照和比较。这是因为，一方面，目前人们所掌握的印度南方艺术，除了极少数例外，只能上溯到7世纪，而此时在北方，有些古迹已有了几乎上千年的历史，甚至已经历了最辉煌的时期；而另一方面，由于明显的历史缘由，在12世纪以后的印度北方，再没有出现过大量具有重要艺术价值的神庙建筑，而在南方，繁荣的势头一直持续到17世纪，也就是说，两者在发展的时段上具有很大的差异。

更为重要的是，在印度南方，建筑和艺术的发展，无论在思想观念还是美学认知上，都沿着完全不同的道路，特别在650~950年这段巅峰时期。在印度南方，帕拉瓦王朝和朱罗王朝早期的风格保守、沉静、和谐；而同时期笈多后期风格的特色是进取、夸张，具有巴洛克式的华美。在接下来的两三百年里，其风格继续沿着不同的方向发展：在南方，很少看到革新，在不断沿用老形式的同时创作的激情也逐渐消失，只是某些神庙建筑更大的规模预示了新的起点。在这里，人们再次看到了其与奥里萨邦、中央邦和拉贾斯坦邦发展上的差异。无论在南方本身还是边界地区，风格都相对单一。在这里发展出的露天神庙既不见于印度早期，此后在北方，由于建筑本身（特别是中央祠堂）占有重要的地位，也没能立足。虽说南方的毗奢耶那伽罗和纳耶克风格（Nāyaka Style，15~17世纪），有些类似印度后期其他地方的发展趋向（特别是密集的雕饰），但在这里，同样存在着至少三四个世纪的差距。

第一节 帕拉瓦王朝

在马德拉斯以南彭迪榭里附近阿里卡梅杜的发掘，发现了和罗马世界通商的大量证据，如公元前后意大利托斯卡纳地区生产的陶器、地中海类型的双耳罐及希腊-罗马的水晶饰品。罗马的硬币更是在整个印度南部都可以看到。公元初年及以后几个世纪的泰米尔文献也暗示有来自西方的商人和居民。然而，令

第五章 印度南部·1175

（左上）图5-1古迪默勒姆 石雕林伽（公元前2或前1世纪，前方的湿婆立在象征无知的侏儒阿帕斯马拉身上）

（右上）图5-2德勒瓦努尔 石窟（7世纪早期）。现状

（左下）图5-3德勒瓦努尔 石窟。立面近景

（右中）图5-4乌赖尤尔（蒂鲁吉拉帕利）上窟寺。湿婆群雕（7/8世纪）

（右下）图5-5马马拉普拉姆 筏罗诃石窟寺（柱厅，7/8世纪）。立面（局部，廊柱基座上雕角狮）

人不解的是，和北方不同，这时期的人工制品流传下来的极少。早期唯一有价值的雕刻作品是公元前2或前1世纪古迪默勒姆著名的林伽（liṅga，正面为湿婆立像），它目前仍在马德拉斯西北不远处的一座神庙里接受崇拜（图5-1）。但在印度南部，再没有发现与之相似的作品。

在整个次大陆的艺术史上，最令人困惑的是，在印度南部，已知最早的建筑和雕刻，除了上述孤例外，没有早于7世纪的。实际上，这里并不是一个

里上孤立或边远的地区。就在北面安得拉邦的沿海地节，留存下来的佛教古迹已可上溯至公元前2或前1世己。斯里兰卡的遗存年代也只是稍晚。对此，人们提出的一种解释是，在南部地区，尽管很早就有佛教徒和耆那教徒活动，但他们很可能由于缺乏资源，无法建造像窣堵坡那样坚固耐久的大型建筑。事实上，在

本页及左页：

（左上及中上）图5-8马马拉普拉姆 筏罗诃石窟寺。浮雕组群（表现与毗湿奴相关的各类典故）

（左下）图5-9马马拉普拉姆 三联神庙（8世纪早期）。外部现状

（右）图5-10马马拉普拉姆 三联神庙。内景

7~8世纪帕拉瓦王朝羽翼丰满、具备一定实力之前的很长一段时间，人们只能使用一些易腐朽的材料（木料、砖，可能配有少量的金属，砖主要用于上层结构）从事建筑活动或雕刻。因而，尽管这里没有像印度北方那样遭受野蛮的破坏和掠夺，但也没有更早的石构神庙或雕刻留存下来。另一个可能的缘由是，在

（上）图5-11马马拉普拉姆
天后堂（摩什哂摩达诃尼
窟，7世纪中叶）。现状外景

（下）图5-12马马拉普拉姆
天后堂。廊柱近景

这片地区，除了某些用地方砂岩建造的早期神庙外，其他大部分建筑都采用坚硬的花岗石，材料的转换过程因此大为延迟。

帕拉瓦人可能属泰卢固族（Telugu），其铭文和后继者朱罗人不同，属梵语体系。自公元3或4世纪开始，他们统治了马德拉斯和建志周围的通代门达勒姆地区，并因在军事上和巴达米的西遮娄其早期政权对抗而闻名于世。帕拉瓦王朝既是后起的罗湿陀罗拘陀

（上下两幅）图5-13马马拉普立姆 天后堂。组雕：躺在巨蟒阿南塔身上的毗湿奴

本页：

（上）图5-14马马拉普拉姆 天后堂。组雕（高约2.7米）：杜尔伽追杀牛魔

（下）图5-15马马拉普拉姆 阿迪筏罗诃石窟。组雕：国王和两位王后（或公主）

右页：

（上）图5-16马马拉普拉姆 "五车"组群（约7世纪下半叶）。西北侧全景：自左至右分别为杜尔伽祠、阿周那祠、怖军祠、法王祠、无种与偕天祠。杜尔伽祠为单一的原始茅舍式建筑；阿周那祠和法王祠为带八角形穹顶的方形祠堂，分别高两层和三层；怖军祠和无种与偕天祠皆为筒拱顶，前者矩形平面，后者一侧为圆头

（下）图5-17马马拉普拉姆 "五车"组群。东北侧全景（自左至右分别为法王祠、怖军祠、阿周那祠和杜尔伽祠，近景南迪雕像与真牛大小相近）

王朝（8~10世纪）政治上的对手，也是它在建筑结构方面的竞争者。

在巴达米及其附近地区，最早一批采用所谓"南方"风格的神庙可能要比帕拉瓦王朝诸庙早半个世纪，但它们之间存在着重大的差异。因此，充其量只能假定，它们有一个早已消失了的共同始源。事实上，除了帕拉瓦王朝统治的泰米尔地区外，印度南方其他地区的作品目前都很难准确定位。

一、石窟寺及岩雕

左页：

（上）图5-18马马拉普拉姆 "五车"组群。东侧景观

（下）图5-19马马拉普拉姆 "五车"组群。东南侧景色

本页：

（上）图5-20马马拉普拉姆 "五车"组群。西南侧现状（近景为法王祠，其后依次为怖军祠、阿周那祠，杜尔伽祠在远处仅露出屋顶部分）

（左下）图5-21马马拉普拉姆 "五车"组群。怖军祠，平面（图版，作者R. Chisholm）

（右下）图5-22马马拉普拉姆 "五车"组群。怖军祠，立面（取自STIERLIN H. Hindu India, From Khajuraho to the Temple City of Madurai，1998年），柱廊立四根独立柱，檐壁雕微缩亭阁

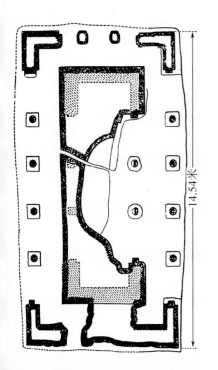

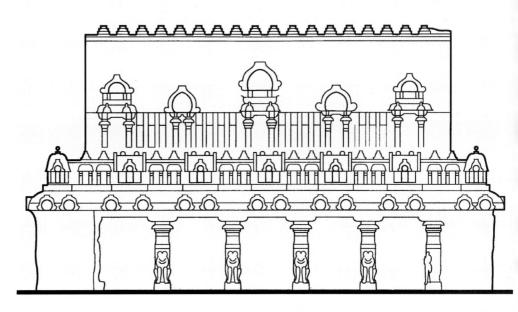

本页：

（上）图5-23马马拉普拉姆"五车"组群。怖军祠，西南侧外景

（下）图5-24马马拉普拉姆"五车"组群。怖军祠，西侧现状

右页：

（上）图5-25马马拉普拉姆"五车"组群。怖军祠，西北侧景观

（下）图5-26马马拉普拉姆"五车"组群。怖军祠，东南侧景色

（上）图5-27马马拉普拉姆"五车"组群。怖军祠，山墙近景（山面上雕小祠造型，如《恒河降凡》组雕上的小祠形象）

（下）图5-28马马拉普拉姆"五车"组群。怖军祠，柱廊近景（柱子自坐狮基座上拔起，在帕拉瓦王朝时期建志的祠庙上也可看到类似的表现）

（左）图5-29马马拉普拉姆 "五车"组群。杜尔伽祠，立面（取自STIERLIN H. Hindu India, From Khajuraho to the Temple City of Madurai, 1998年）

（右）图5-30马马拉普拉姆 "五车"组群。杜尔伽祠，西北侧景色（为最简单的印度教祠堂形式之一，在女神雕像两侧可看到模仿木结构的柱头及梁端）

　　已有充分文献材料佐证的帕拉瓦王朝建筑，主要由石窟寺和砌筑神庙组成，另加少数独石结构。某些石窟里的大型场景浮雕（如战胜牛魔的杜尔伽），在尺度和复杂程度上可与德干地区和孔坎的石窟媲美；在马马拉普拉姆两个巨大的独石上雕出的《恒河降凡》更属印度最大和最精美的雕刻构图。这时期的主要遗址是作为帕拉瓦王朝都城的古代圣城建志（甘吉普拉姆）及其海港马马拉普拉姆。和建筑活动相关的王朝最早君主有摩诃陀罗跋摩一世（约600~630年在位）、纳勒辛哈跋摩一世[马马拉，约630~668年在位，马马拉普拉姆海港就是以他的名字命名，他的另一个称号为Vātāpikoṇḍa，意为"巴达米（Vātāpi）的征服者"]和纳勒辛哈跋摩二世（拉杰辛哈·帕拉瓦，

700~728年在位）。后者可能是这一王族中对建筑贡献最大的人物。地区北面的某些石窟，特别是莫古尔拉杰普勒姆石窟和温达瓦利石窟（前者在贝茨沃达附近，后者拥有唯一的多层石窟），均位于泰卢固地区，但无法肯定是帕拉瓦王朝的作品。南面传统的朱罗和潘地亚地区的石窟寺数量虽多，但通常要比帕拉瓦王朝的晚一两个世纪，而且没有一个能在优美和精致上与马马拉普拉姆的某些石窟相比。

　　在平面规模或复杂程度上，帕拉瓦时期的石窟均不及阿旃陀、埃洛拉和其他的北方遗址，大体上它们可划分为"平素型"和"精美型"两类。

　　前一类散布在主要遗址之外（仅有三个在马马拉普拉姆），配有特别坚实魁伟的柱墩，其下部和顶部

本页及左页：

（左）图5-31马马拉普拉姆 "五车" 组群。杜尔伽祠，东南侧景色（前景为南迪雕像）

（中上）图5-32马马拉普拉姆 "五车" 组群。杜尔伽祠，西侧，入口立面

（中下及右上）图5-33马马拉普拉姆 "五车" 组群。杜尔伽祠，入口两侧龛室内的杜尔伽雕像

截面方形，中间部分切角构成八角形。柱墩上承同样笨重的枕梁，下面饰有简单的半圆形线脚。立面上布置两根或四根这样的柱子（每端设壁柱），除了德勒瓦努尔的以外（在这里，两根中央柱子之间布置带神话人物形象的拱形过梁，图5-2、5-3），一般都没有装饰。德勒瓦努尔石窟立面长9.75米，其山面的装饰题材（花饰及人像，以及自两侧摩竭口中引出的拱券造型）及其精细的制作方式，很快就成为朱罗早期神庙龛室冠戴部分的样板和楷模。滴水线脚沿立面通长延伸，形成今日神庙的檐口。沿屋檐线脚布置的五个装饰性山墙（泰米尔语：kūḍu）具有帕拉瓦建筑特有的桃形尖端，并于山面内布置仙人（gandharvas）像。这种精细的装饰可谓不同寻常，同样不寻常的是两边摩竭的造型。但在印度南部，这种形式只是昙花

（上）图5-34马马拉普拉姆
"五车"组群。杜尔伽祠，
室内，雕刻组群

（下）图5-35马马拉普拉姆
"五车"组群。法王祠（7世
纪，约650年），平面（图版，
1880年，作者R. Chisholm）

一现，其侧面延伸图案最终也未能成为南部装饰性山墙的组成部分。

　　石窟一般规模不大，立面宽度没有超过11米的，有的只是单室窟。立面两端一般都布置体态夸张的守门天（dvārapālas，自岩面上直接雕出）。石窟通常都高出地面（在德勒瓦努尔，高出地面一米多）。稍大的石窟还有内柱，于后面或一端设内祠，安置林伽，有的内祠前另立守门天（有的甚至是女性守门天，dvārapālikās）。有时内祠或大厅墙上还雕有湿婆、毗湿奴或梵天像。在蒂鲁吉拉帕利（上窟），所有这三个雕像和杜尔伽及室建陀（南方称Subrah-maṇya）像同时出现。

　　雕刻动态十足，极具特色，如蒂鲁吉拉帕利县

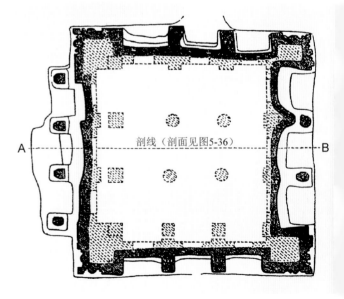

剖线（剖面见图5-36）

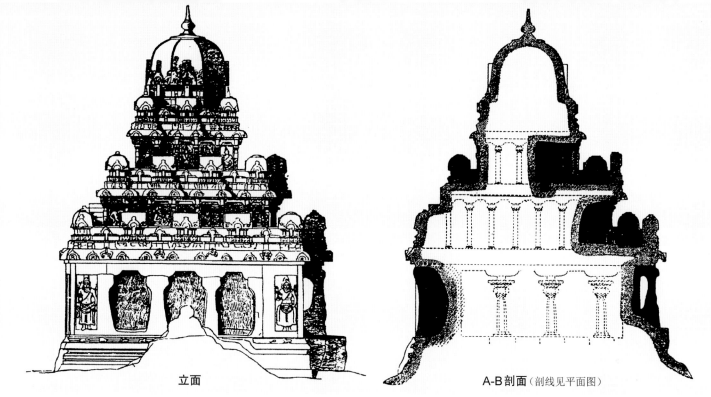

立面   A-B剖面（剖线见平面图）

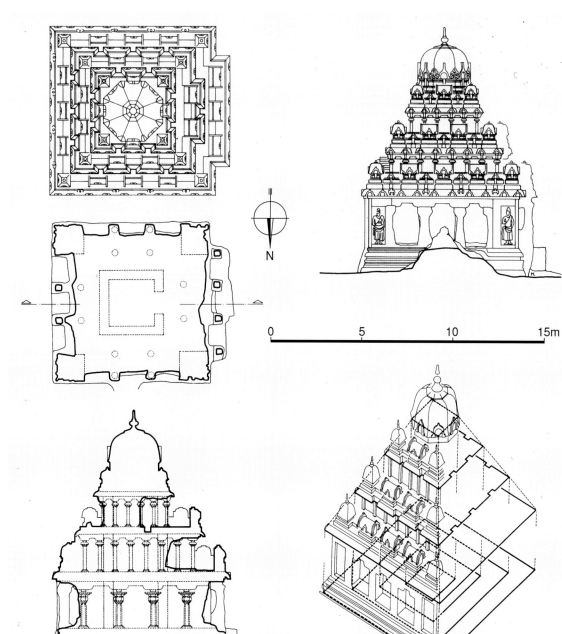

（上）图5-36马马拉普拉姆
"五车"组群。法王祠，立
面及剖面（图版，1880年，
作者R. Chisholm）

（下）图5-37马马拉普拉姆
"五车"组群。法王祠，平
面、立面、剖面及轴测图
（1：200，取自STIERLIN
H. Hindu India，From Kha-
juraho to the Temple City of
Madurai，1998年）

0   5   10   15m

乌赖尤尔上窟寺以头承天降恒河水的湿婆群雕（Śiva Gaṅgādhara），其中湿婆及其侍从一起，形成了一组完美的构图（图5-4）。然而，和北方石窟形成鲜明对比的是，这些石窟内部仅有极少的装饰（如在截面方形的柱墩上偶尔刻制圆花饰之类），鲜有人像浮雕，即使有也几乎都是后世增添。在整个泰米尔纳德

本页：

图5-38马马拉普拉姆"五车"组群。法王祠，西侧外景

右页：

（上）图5-39马马拉普拉姆"五车"组群。法王祠，西南侧景观
（下）图5-40马马拉普拉姆"五车"组群。法王祠，南侧现状

（上）图5-41马马拉普拉姆"五车"组群。法王祠，东北侧全景

（下）图5-42马马拉普拉姆"五车"组群。法王祠，西北侧状态

（上）图5-43马马拉普拉姆 "五车"组群。法王祠，东南侧近景

（上）图5-43马马拉普拉姆 "五车"组群。法王祠，东南侧近景

（下）图5-44马马拉普拉姆 "五车"组群。法王祠，东侧近景

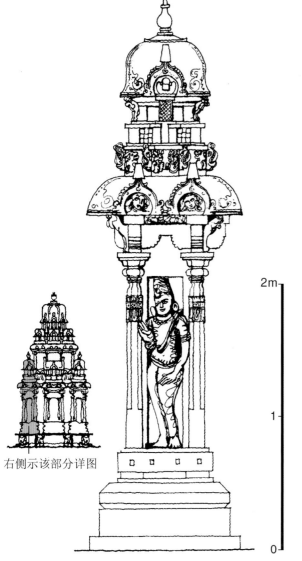

右侧示该部分详图

邦，仅有一个石窟采用了来自笈多时期并在巴达米和艾霍莱石窟里得到成功运用的植物涡卷图案和一些制作粗糙的圆花饰。

所谓"精美型"石窟全部集中在马马拉普拉姆。其柱子除枕梁外，和"平素型"石窟的柱墩完全不同。柱子相对细长，小面更多，有的还带有沟槽，甚至是圆形。实际上这样的柱型已纳入了达罗毗荼式柱墩和壁柱的几乎所有部件，包括其固有的比例和样式。柱身上以低浮雕表现串珠饰带（mālāsthāna），

本页及左页：

（左上）图5-45马马拉普拉姆"五车"组群。法王祠，西南角雕饰细部

（左下）图5-46马马拉普拉姆"五车"组群。法王祠，南侧微缩建筑细部

（中上）图5-47马马拉普拉姆"五车"组群。法王祠，顶塔细部

（右下）图5-48马马拉普拉姆"五车"组群。阿周那祠，立面及穹式亭阁部件详图（取自HARDY A. The Temple Architecture of India，2007年）

（右上）图5-49马马拉普拉姆"五车"组群。阿周那祠，地段景色（左侧为杜尔伽祠）

本页及右页：

（左）图5-50马马拉普拉姆"五车"组群。阿周那祠，西南侧近景

（中）图5-51马马拉普拉姆"五车"组群。阿周那祠，南侧近观

（右）图5-52马马拉普拉姆"五车"组群。阿周那祠，东南侧景观

然后自一个凹进的颈部向外逐层挑出，上承一个垫式柱头部件（称kumbha，意"陶罐"，可能是传统叫法，实际上它并不像瓶罐）。在这个柱头之上，是一个莲花状的部件（padma，泰米尔语idaḷ），上承一个宽阔的冠板（phalaka，泰米尔语palagai）。有时，如筏罗诃石窟寺（柱厅），上冠带凹口的莲花状

部件和极薄的冠板，与最精美的朱罗早期实例很难区分，当属最优雅的建筑作品之一（图5-5~5-8）。柱础常为蹲坐的神兽（yāḷis，形似狮子和大象，意为威力无边）或狮子。檐壁照例由带支提拱（kūḍus）的滴水檐口组成，通常于顶部布置成排的微缩亭阁（hāra）。有些柱础仅由三个平素的矩形部件组成，

（左上）图5-53马马拉普拉姆"五车"组群。阿周那祠，西北侧现状

（左下及右上）图5-54马马拉普拉姆"五车"组群。阿周那祠，立面及雕刻细部（左下、模仿木结构梁端的建筑部件；右上、湿婆和杜尔伽）

（右下）图5-55马马拉普拉姆"五车"组群。无种与偕天祠（7世纪），平面（图版，1880年，作者R. Chisholm）

但对许多朱罗早期的神庙来说，这样的做法照样可取得很好的效果。底层平面可有各种变化。三联神庙没有厅堂，三个小室直接面向室外（图5-9、5-10）。7世纪建成的天后堂同样由三部分组成，但在中央厅堂前设双柱门廊（图5-11~5-14）。

尽管这些石窟寺从建筑上看可圈可点处不多，但某些墙面上的大型神话浮雕具有很高的艺术价值。属泰米尔特有的题材仅有三个：作为战争和胜利女神（Korravai）的杜尔伽，背后有大象、两侧带随从的吉祥天女坐像（Srī-seated），以及坐在宝座上带着

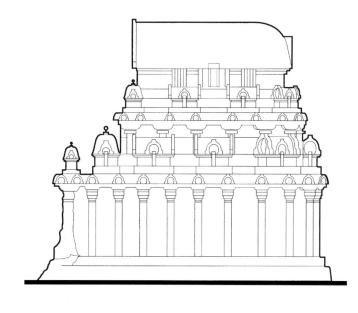

（右上）图5-56马马拉普拉
姆 "五车"组群。无种与
皆天祠，立面（屋顶显然是
效法木构佛寺的筒拱顶，图
版取自STIERLIN H. Hindu
ndia，From Khajuraho to
he Temple City of Madurai，
998年）

（左上）图5-57马马拉普拉
姆 "五车"组群。无种与
皆天祠，地段形势（西南侧
景色，右为阿周那祠）

（下）图5-58马马拉普拉姆
"五车"组群。无种与偕天
祠，南侧景观

力子的湿婆和他的妻子（Somāskanda，见图5-86）。
各地还有许多其他的神话题材，如宇宙野猪瓦拉哈
（Varāha）和土地女神、正在张弓射杀牛魔的杜尔伽
（见图5-14）、三界之主（Trivikrama，即作为天、
也、阴间之主的毗湿奴）和躺在千头巨蛇阿难陀身上

的毗湿奴（Śeśaśayin）等，和印度其他地区没有很大
差别。

　　由于石料坚硬，和德干地区的雕刻相比，帕拉瓦
王朝时期的大部分浮雕要浅得多，细节更为简略，装
饰也被减少到最低程度。在马马拉普拉姆各石窟寺的

小型内祠里，通常都布置湿婆浮雕（两边为毗湿奴和梵天像）而不是林伽。有的后墙处没有发现雕刻，有可能是因为最初雕像系用灰泥、木料甚至是金属制作。尽管一些湿婆雕刻最后被狂热的毗湿奴派教徒毁掉，但从这些石窟寺看，这时期的宗教政策总体而言还是比较宽容的。

在马马拉普拉姆的阿迪筏罗诃石窟里，有两个著

名的帕拉瓦王朝国王及其儿子的造像，每个都有两位王后或公主相伴。父子关系可从一个站立、一个坐着鉴明；宝座支撑取动物腿部造型，为印度南方受西方古典作品影响的唯一实例（图5-15）。数量极少的人像雕刻可能是继马图拉贵霜时期雕刻之后最早的这类作品之一。

在已被列为世界文化遗产项目的马马拉普拉姆建

本页及右页：

（左）图5-63马马拉普拉姆 浮雕组群《恒河降凡》（7世纪中叶）。19世纪初景色（绘画，作者John Gantz，约1825年）

（右）图5-64马马拉普拉姆 浮雕组群《恒河降凡》。现状全景

筑组群中，可能最不同寻常的便是在海岸附近整块花岗岩巨石上雕凿出的五座呈战车状的小型独石祠堂，即所谓"五车"组群（图5-16~5-20）。它们分别是位于西侧的无种与偕天祠，组成东列的法王祠、怖军祠（图5-21~5-28）、阿周那祠和杜尔伽祠（图5-29~5-34）。关于这组建筑人们提出了许多想象和推测。实际上，类似的作品不仅见于印度其他地方，甚至南方就有（如卡卢古马莱的独石祠堂）。除了平顶的柱厅外，神庙建筑的主要类型在印度南方均有，只是有的仅处于胚胎形式[如比默，为上置筒拱顶（śālā）大门的原型]。仅根据帕拉瓦早期的编年史还无法确定这些独石结构是否早于第一座以石砌筑的建筑；比较清楚的只是，这些独石建筑更忠实地再现了作为这两种石构先驱的木构架建筑（构架之间估计是以砖和灰泥作为填充）。除了杜尔伽祠堂外，这些独石建筑均取最纯粹的达罗毗荼风格（怖军祠上置筒拱顶）。和希腊古典柱式一样，整个构图有一套固定的程式：柱础、壁柱、枕梁、檐壁和由微缩亭阁构成的栏墙，后者围括的中央形体由同样的一套程式组成，如此继续直至顶部方形、圆形或八角形的穹顶。

　　供奉湿婆的法王祠是组群中最大的一个，属7世纪帕拉瓦王朝国王摩诃陀罗跋摩一世（600~630年在

位）及其儿子纳勒辛哈跋摩一世（630~668年）统治时期（图5-35~5-47）。不过，这座采用方形平面、高三层的祠庙并没有最终完成，唯一开凿的一楼内部里面是空的。

　　组群中的阿周那祠（阿周那为般度第三子）为

座高两层的方形建筑，上部方形小祠堂配栏墙及八角形穹顶（图5-48~5-54）。下层（除西侧门廊外）墙面凸出部分对应栏墙上的亭阁造型，一如采用类似形制的法王祠上两层的做法。阿周那祠的内室处于半完成状态且一直空置。在法王祠和阿周那祠，每层简朴的浅龛内均布置雕像，为最优秀的帕拉瓦早期风格作品。

在马马拉普拉姆，无论是阿周那祠还是更大的法王祠，在微缩亭阁构成的栏墙和它所围括的中央形体之间均设一条通道（有石级通向二层），并于底层和

左页：

（上）图5-65马马拉普拉姆 浮雕组群《恒河降凡》。自东北方向望去的景观

（下）图5-66马马拉普拉姆 浮雕组群《恒河降凡》。自东南方向望去的全景

本页：

图5-67马马拉普拉姆 浮雕组群《恒河降凡》。浮雕细部：四臂湿婆（左）和单腿独立、祈求恒河降凡的幸车王（右）

上两层龛室内安置物神雕像，后者为帕拉瓦早期图像学的研究提供了完整的目录。

　　无种与偕天祠（两者分别为《罗摩衍那》里般度五子中的第四和第五子，为孪生兄弟）是座带半圆头的建筑，上部结构（所谓上庙，upper temple）是个带半圆头的小祠堂，凹进的颈部饰栏墙。在这座独石刻作的祠堂边上，有一头同样由独石雕出并朝同一方

向的大象。这座祠堂可能最初是供奉因陀罗（帝释天），其坐骑即大象；后者也可能具有双关意义，暗示这座半圆头祠堂形如象背（hastipṛṣṭha）（图5-55~5-62）。和法王祠类似，这座祠庙也没有最终完成。

　　马马拉普拉姆的《恒河降凡》（*Descent of the Ganges*）是在孟加拉湾岸边两个露天巨石面上凿出的

左页：

（上）图5-68马马拉普拉姆 浮雕组
群《恒河降凡》。浮雕细部：逆流
石上的蛇王

（下）图5-69马马拉普拉姆 浮雕组
群《恒河降凡》。浮雕细部：象群

本页：

（上）图5-70马马拉普拉姆 迦内沙
司（7世纪下半叶）。远景（前景
为通向《恒河降凡》浮雕组群的石
叉路）

（下）图5-71马马拉普拉姆 迦内沙
司。东南侧景观（背立面）

（上两幅）图5-72马马拉普拉姆 迦内沙祠。入口立面（朝西北方向）及柱墩狮雕细部

（下）图5-73马马拉普拉姆 岸边神庙（约公元700年）。平面及剖面（取自STIERLIN H. Hindu India，From Khajuraho to the Temple City of Madurai，1998年）

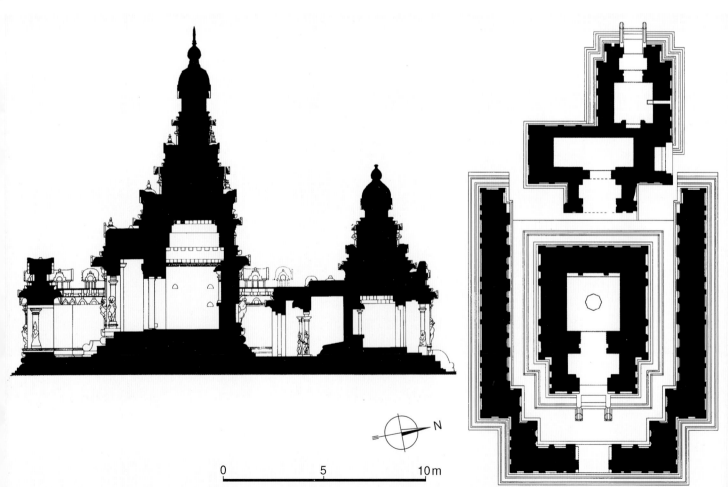

0　　　　　5　　　　　10m

大型浮雕，雕刻完成于7世纪中叶帕拉瓦王朝纳勒辛哈跋摩一世（约630～668年在位）时期。整幅板面宽29米，高13米，包括100多个神祇、仙人和动物雕刻（图5-63～5-69）。浮雕主题和内容长期被误认为是"阿周那的苦修"（Arjuna's Penance）或"阿周那和扮作山居猎户（Kirāta）的湿婆（Kirātārjunīya）"[2]。

不过，这些说法和雕刻的许多细节不符。现人们认为，浮雕实际上是表现印度史诗《罗摩衍那》中恒河降凡的神话，说的是日族虔诚的幸车王，如何以千年苦行祈求众神恩准天上的恒河降临人间，以恒河圣水净化其祖先的罪孽，造福万民。

浮雕利用岩壁中央一道分开巨石的天然裂缝代表

（上）图5-74马马拉普拉姆 岸力神庙。俯视全景

（下）图5-75马马拉普拉姆 岸力神庙。南侧远景

本页:

（上）图5-76马拉普拉姆
岸边神庙。西侧远景

（下）图5-77马拉普拉姆
岸边神庙。西南侧远景

右页:

（上下两幅）图5-78马马拉
普拉姆 岸边神庙。西侧现状

左页：

（上）图5-79马马拉普拉姆 岸边神庙。西南侧景观（早期摄，尚可看到海面）

（下）图5-80马马拉普拉姆 岸边神庙。北侧景色

本页：

（上下两幅）图5-81马马拉普拉姆 岸边神庙。南侧景色（不同时期的照片，海岸线现已远去）

本页：
（上）图5-82马马拉普拉姆
岸边神庙。东侧现状

（下）图5-84马马拉普拉姆
岸边神庙。主塔，近景

右页：
（上下两幅）图5-83马马
拉普拉姆 岸边神庙。西北
侧，全景和近景

圣水恒河自天而降（岩顶确有一蓄水池的遗迹，表明
在宗教节庆期间可放水形成瀑布），以此构成由大量
足尺人物及动物组成的庞大构图的焦点，几乎所有形
象都面向它或朝这个方向趋近。狭缝中人首蛇身的蛇
王（nāgarāja）及蛇后（nāginī）拖着长长的蛇尾，上
下叠置，好似迎着瀑布逆流而上。靠近狭缝左上方祈
求恒河降凡的幸车王（以前被认为是阿周那），正在
举臂凝视太阳，单腿独立，修炼苦行（其消瘦的身体

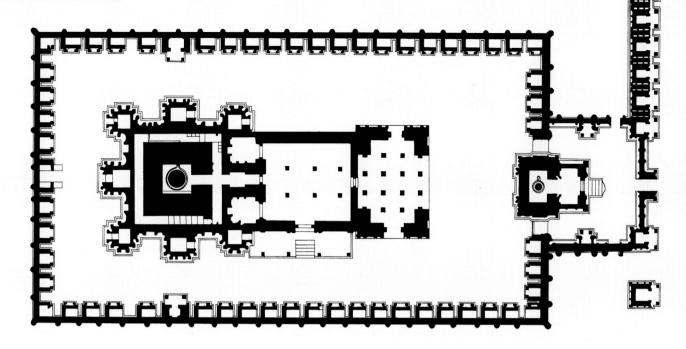

5　　10　　15m

左侧示该部分详图

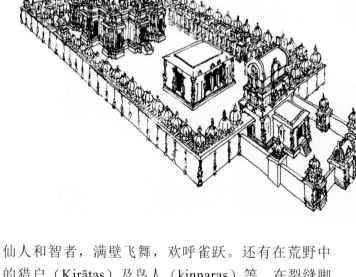

显然是苦修的结果）。他身旁一个手持三叉戟尺度较大的四臂人物显然是湿婆（其左下手作施与势）。岩壁两侧100多个众神、人和动物都在向中央聚集，凝望着圣水虔诚顶礼。一对对裸体的男女天神和精灵、仙人和智者，满壁飞舞，欢呼雀跃。还有在荒野中的猎户（Kirātas）及鸟人（kinnaras）等。在裂缝脚下，和上面充满动态向前挺进的人群相反，表现流水边安详的苦行僧和瑜伽修炼者。在一座内有毗湿奴雕像的帕拉瓦小庙前，一位坐着的年长圣人正在俯身向前，修习禅定。

浮雕左面一块朴素的石面平衡了象群的巨大体量，据罗伊·C.克拉文（1924～1996年）的说法，可能人们原打算在这里开凿一座列柱神庙[3]。总的来看，整座浮雕构思宏伟，气势磅礴，想象力丰富、奇特。细节刻画尤为精彩，写实、逼真。特别是动物形象，观察细致，表现生动，如在大象脚下酣睡的小象，在

左页：

（上下两幅）图5-90建
志 凯拉萨大庙。东侧
全景

本页：

（上）图5-91建志 凯拉
萨大庙。东南侧远景

（下）图5-92建志 凯拉
萨大庙。东侧，入口全景

本页：

（上下两幅）图5-93建志 凯
拉萨大庙。东侧，入口门楼
及边侧小祠堂近景

右页：

（右上）图5-94建志 凯拉萨
大庙。围墙外侧景观

（左上）图5-95建志 凯拉萨
大庙。入口门楼，西侧（即
院内一侧）现状

（下）图5-96建志 凯拉萨
庙。主祠庙，东北侧现状
（前柱厅立面交替布置石柱
与神像，由此通向第二个柱
厅及内祠）

老鼠边上前爪上举仿幸车王作苦修姿态的猫。两只大象浑厚庄严，是写实主义的精品。左下方一对鹿卧在洞穴中休憩，公鹿抬起后蹄搔着自己的鼻子，神态极其洒脱生动。

在这组大型浮雕北面一个独立地段上，尚存一个

本页：

（上）图5-97建志 凯拉萨大
庙。主塔，西南侧景色

（下）图5-98建志 凯拉萨大
庙。主塔，俯视近景

右页：

图5-99建志 凯拉萨大庙。主
塔，仰视近景

属7世纪下半叶，与五车组群类似的独石祠庙——迦
内沙祠，作为柱墩底座的狮雕可视为保留下来的这类
雕刻的精品（图5-70~5-72）。

二、砌造神庙

　　帕拉瓦王朝时期的砌造神庙属印度南方留存下
来的这类作品中最早的一批。马马拉普拉姆的岸边
神庙至少部分建于纳勒辛哈跋摩二世时期；因海岸
线后退，建筑现位于一个为海水冲刷的崖岸边（图
5-73~5-86）。除了后面带墙的大院外，神庙基本保
留完好，只是位于海边的雕刻因风化而难以辨认。建
筑构图颇为独特：朝东的较大祠堂三面紧靠一道外
墙，两者之间的空间类似内部巡回通道。位于后面的
较小祠堂朝西。由于不同寻常地取消了环绕中央建
筑的连续栏墙（hāras），两座祠堂均具有细高的外
廊，表明它们系属于同一时期。两者之间，纳入了一
个小的矩形平顶祠堂，内部自基岩上雕出一尊斜躺
着的毗湿奴像。另两座祠堂于内祠后墙安置雕刻嵌
板，表现坐在宝座上带着幼子的湿婆和他的妻子（这
种组合称Somāskanda，为早期帕拉瓦神庙习见的母

本页及左页：

（左上）图5-100建志 凯拉萨大庙。大院南侧通道，向东望去的景色

（右上）图5-101建志 凯拉萨大庙。大院北侧通道，西望景色

（左下）图5-102建志 凯拉萨大庙。大院东南角现状

（中上）图5-103建志 凯拉萨大庙。大院东北角远观

（右下）图5-104建志 凯拉萨大庙。大院西南角景色

左页:

（上）图5-105建志 凯拉萨
大庙。大院北侧小神堂，向
西望去的景色

（下两幅）图5-106建志 凯
拉萨大庙。主祠庙，墙面雕
饰细部[龛室内安置立在林
伽前的湿婆，两边的壁柱自
站立的神话动物亚利（ya-
lis，一种综合了狮子、大象
和马等动物特征的怪兽）身
上拔起]

本页:

图5-107建志 凯拉萨大庙。
围墙内小神堂的雕饰

块，入口边上尚存守门天（dvārapālas）雕刻残迹，角上壁柱柱础为蹲坐的狮子和形似狮子和大象的神兽（yālis）；类似的部件和某些带蛇王（nāgarāja）、财神[4]乃至大象的柱础使外部围墙变得颇为生动。后部大院围墙仅留残墟，入口大门边作为守护神的单腿湿婆（Śiva Ekapad），为这时期的孤例。

]；较大的一座祠堂内还有一个带沟槽的林伽（为时的流行做法，和两座祠堂的顶饰一样，用进口黑制作），显然是供奉的重点。祠堂外墙则如所有比考究的帕拉瓦建筑做法，于龛室（或为简单龛室，两边带壁柱）和其间的墙面上满布物神及其他人雕刻形象。较大祠堂的围墙内侧布置叙事浮雕板

（上）图5-108建志↑
拉萨大庙。祠堂内的↑
雕约尼-林伽和入口↑
的护卫神亚利

（下）图5-109建志↑
伊昆特佩鲁马尔神↑
（8世纪下半叶）。西↑
侧外景

　　岸边祠庙完全按通常的帕拉瓦方式砌造，仅后部两座祠堂的底座和基底线脚如巴达米的马莱吉蒂-西瓦拉亚庙那样自基岩上凿出。部分基础线脚由水平花岗石条带组成，墙面则如遮娄其地区达罗毗荼风格↑堂那样由砌块组成（只是砂岩改为花岗石）。砌块↑对侧边很少平行但严丝合缝，上面饰壁柱及浮雕。↑

（上）图5-110建志 沃伊昆
寺佩鲁马尔神庙。东北侧景
观（夕阳下）

（下）图5-111建志 沃伊昆
寺佩鲁马尔神庙。围墙东南
角现状

遮娄其建筑做法不同的是，龛室内多为低浮雕，上覆
一层厚厚的灰泥，在灰泥上制作细部，如整块花岗石
雕像的做法，尽管两者出自不同的缘由。在某些小祠
堂里，尚可看到其他结构类型的遗存（在遮娄其王朝
管辖的地域，也存在同样的情况）。

在马马拉普拉姆的独石建筑里，可看到真正的
达罗毗荼风格（即最纯粹、最接近木构原型的早期
形式），尽管它们可能稍晚于某些采用"南方"风格
的遮娄其神庙。但不管怎么说，就现存建筑而言，
它们之间具有直接的渊源当无疑问。以前，人们一

直认为，"平素型"石窟属摩诃陀罗跋摩一世时期（600~630年在位，因有一则著名的铭文提到他的名字）；考究得多的"精美型"石窟及独石庙则属他的直接继承人纳勒辛哈跋摩一世时期（630~668年在位），由于这位君主亦称马马拉，因此又有"马马拉风格"（"Māmalla" Style）的说法；而构筑神庙则

本页及左页：

（左上）图5-112建志 沃伊昆特佩鲁马尔神庙。西南侧近景

（左下）图5-113建志 沃伊昆特佩鲁马尔神庙。祠堂近景

（中上）图5-114建志 沃伊昆特佩鲁马尔神庙。墙面雕饰细部

（中下）图5-115建志 沃伊昆特佩鲁马尔神庙。廊道内景

（右两幅）图5-116珀纳默莱（南阿尔乔特） 特勒吉里斯沃拉神庙。远观及顶塔近景

本页及右页：

（左上）图5-117建志 穆克泰斯沃拉神庙。外景

（左下）图5-118建志 马坦盖斯沃拉神庙。外景

（右下）图5-119建志 埃克姆伯雷神庙（始建于公元600年，现存结构属1532~1673年）。遗址全景（卫星图）

（中上）图5-120建志 埃克姆伯雷神庙。千柱厅及外围墙南门塔（自水池向南望去的景色）

（右上）图5-121建志 埃克姆伯雷神庙。水池及亭阁（位于池中心的小亭象征为初始大洋所环绕的宇宙中心）

（中下）图5-122建志 埃克姆伯雷神庙。水池西侧祠庙及内院东门塔

属纳勒辛哈跋摩二世（拉杰辛哈·帕拉瓦）及其继承人时期。但最近人们认为，马马拉普拉姆的岩凿建筑，至少大部分（如果不是全部的话）均属纳勒辛哈跋摩二世时期（700~728年）。

建志（甘吉普拉姆）的凯拉萨（拉杰辛哈）大庙[5]为城市最早的印度教寺庙（建于685~705年，采用达罗毗荼风格），也是纳勒辛哈跋摩二世建造的最大和最重要的一座庙宇，在历史上占有重要地位（总平

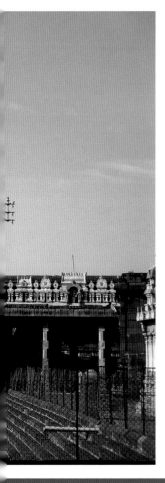

面、主塔立面及透视全景图：图5-87~5-89；外景：
图5-90~5-99；院内景色：图5-100~5-105；雕饰：
图5-106~5-108）。其内祠具有空前的规模且极为复
杂，前面另有两个小厅堂，整个组群如印度南方寺庙
那样，被围在一个极其考究的院墙内。围绕内祠设一
内部巡回通道，外墙处出七个小祠堂。侧面祠堂平面

本页：
图5-123建志 埃克姆伯雷神庙。外院
南门塔，南侧现状（高55米，为南亚
最高门塔之一）

右页：
（上）图5-124建志 埃克姆伯雷神庙
外院南门塔，仰视近景

（下）图5-125建志 埃克姆伯雷神庙
第二道围墙南门塔，现状

长方形，角上祠堂方形，和上部栏墙的微缩亭阁相互
应和，如同朱罗早期神庙墙面凹凸部分的处理方法。
小祠堂内安置各种形态的湿婆造像，入口均安排在象
征吉利的东西向，从不布置在南北向。在主要祠堂前
面为一大型柱厅（原是分开的，相连结构属近代）。
一个柱墩上的残破铭文记述了西遮娄其早期国王超日
王二世（733~746年在位）对建志的征服。

主要祠堂及柱厅被围在由58个小神堂组成的围墙
内（各神堂内供奉不同形态的湿婆）。神庙朝东，西
侧中部小殿最初为一入口大门，上部为筒拱顶，类似
复合围墙南北侧的两个祠堂，和主要祠堂位于同一轴
线上，这种布局预示了以后印度南方神庙城的形制
（有时在复合围墙或普通围墙四面均设统驭全局的
大门）。

凯拉萨（拉杰辛哈）大庙的主要门楼理应位于东

面，对着主要祠庙的入口，在那里也确有一座具有相
当规模上置筒拱顶的矩形结构，但它按纳勒辛哈跋摩
二世（拉杰辛哈）一个儿子的名字命名为马亨德拉跋
摩祠堂。不仅当时的一则铭文称其为祠堂，其内部最
初还有一个黑色带沟槽的林伽。通向整个寺庙的入口
实际上位于这座祠堂两侧和主要复合围墙之间的通
道。东面另有一个自带小门的院落。这样的布局极为
独特，其缘由也不清楚。同样不同寻常的是东面神庙
围墙外一排小的祭祀或纪念祠堂，其中有两座系由皇
后出资建造。

建志（甘吉普拉姆）的沃伊昆特佩鲁马尔神庙是
少数供奉毗湿奴的帕拉瓦时期神庙之一，其内祠实际
上比凯拉萨大庙还要大（图5-109~5-115）。由南跋
跋摩二世投资建造的这座神庙有三个上下叠置的内
祠，内部均安放毗湿奴的雕像（首层立像，二层坐

象，三层为斜躺着的毗湿奴），这种布局方式颇为
不同寻常。底层有两条巡回通道，内圈入口设在前
（antarāla）处，外圈自与内祠相连的八柱柱厅进
入，后者通过外墙洞口采光。除了双巡回廊道外，这
特色在以后所有泰米尔纳德邦大型神庙中都得到应
用。整座神庙的平面虽然复杂但合乎逻辑，直奔主
围地外墙走向由内祠及与之相连但稍窄的柱厅确
墙内侧柱廊内布置浮雕，表现帕拉瓦王朝的历史
有的尚存标签）。

8世纪其他帕拉瓦王朝的构筑神庙中，值得一提
还有珀纳默莱（南阿尔乔特）的特勒吉里斯沃拉神
（图5-116、5-117）。和大多数已确证属拉杰辛哈
期的建筑相比，其所在地要更为靠南。除了顶端的
代部分外，完全以花岗岩建造的这座祠庙，有三个
内祠背面及侧面墙相连的小祠堂，如建志凯拉萨
拉杰辛哈）大庙的做法（只是后者小祠堂数目更
）。而蒂鲁帕图尔（位于蒂鲁吉拉帕利县）精美的
名神庙（凯拉萨神庙）则完全以砂岩砌造。内祠有
道内部巡回通道，另一条外部廊道位于二层连续栏
（hāra）后面。这座神庙表明，到8世纪末，帕拉

瓦风格已渗透到南面很远的地方。

在建志留存下来的约半打帕拉瓦后期的祠庙中，最大的是几乎同样的穆克泰斯沃拉神庙（图5-117）和马坦盖斯沃拉神庙（图5-118）。只是这些神庙丰富的雕饰和造像在很多世纪的更新和翻修中已被厚厚的灰泥掩盖。埃克姆伯雷神庙为供奉湿婆的印度教神庙（图5-119~5-127），虽然始建于公元600年帕拉瓦王朝时期，但现存结构已属滕杰武尔-纳耶克王朝（Thanjavur Nayak Dynasty，1532~1673年）。寺庙共占地25英亩，为印度最大寺庙之一。有四个门塔（gopurams），最高的南门塔高55米，11层，是印度最高的神庙塔楼之一。大量祠堂中，以供奉埃克姆伯雷和尼勒廷格尔·通德姆·珀鲁默尔的最为重要。大厅中最著名的是毗奢耶那伽罗时期的千柱厅。同在建志的伊拉瓦塔祠庙则是个建于8世纪早期，采用达罗毗荼式样的典型建筑（图5-128）。

9世纪泰米尔纳德邦的建筑和雕刻仅部分得到研究。建志附近塔科拉姆和马德拉斯以西蒂鲁塔尼（位

于契托尔县）两地的神庙均属9世纪最后二三十年，在某些细部上和同时期南面的乔勒门德勒姆，特别是穆特赖耶尔地区（老的普杜科泰邦）和坦焦尔东部地区的祠堂有很大的差异（后者是新的早期朱罗风格的发源地）。在更南部的潘迪亚王朝统治地区，这时期留存下来的砌筑神庙极少，其证据也没能全面厘清。

第二节 朱罗王朝

一、朱罗早期

尽管人们对帕拉瓦风格有一定的了解，但对继之而来的朱罗早期建筑和雕刻的起源目前还不是很清晰。主要是因为这些风格的发展发生在泰米尔纳德邦两个相邻但分开的地域：乔勒门德勒姆本是传统的朱罗王朝的势力范围，由现代的蒂鲁吉拉帕利、坦贾武尔（坦焦尔）和南阿尔乔特诸县组成，包括位于通

代门达勒姆以南富饶的科弗里河三角洲；更南面的地盘原属潘迪亚王朝[6]，其统治者曾于9世纪中叶战胜过帕拉瓦王朝，但其支配地位很快被新兴的朱罗王朝取代，后者原为乌赖尤尔（近代蒂鲁吉拉帕利县）的古代领主。

和朱罗家族相联系的第一座神庙位于纳尔塔默莱（维阁耶洛耶·朱罗神庙：图5-129~5-133），其名来自帝国创始人维阁耶洛耶·朱罗（约850~870年在

左页：
（上）图5-129纳尔塔默莱 维阇亚·朱罗神庙（9世纪下半叶）。西南侧全景

（下）图5-130纳尔塔默莱 维阇亚·朱罗神庙。主祠庙，西侧现状（自南迪祠堂望去的情景）

本页：
（上）图5-131纳尔塔默莱 维阇亚·朱罗神庙。主祠庙，西南侧景色

（下）图5-132纳尔塔默莱 维阇亚·朱罗神庙。主祠庙，北侧景观

巨）。但现已证实，这一名号的取得实际上要晚后得多，神庙很可能是由原先统治这一地域的穆特赖耶尔家族（Muttaraiyars）某位成员建造。建筑引人注目之处是有一条绕内祠巡行的通道（sāndhāra）、一座圆形的圣所（garbhagṛha）和自方形内祠（vimāna）上拔起的中央形体、一个在入口大门两侧布置守门天浮雕的大前厅（ardhamaṇḍapa），但没有任何形式的龛室（devakoṣṭhas）。此外，前厅上连续栏墙的延伸，是西遮娄其早期神庙的流行做法；没有明显反曲线的小顶塔（vijaya-coḷiśvara）则是和帕拉瓦风格共

（上）图5-133纳尔塔默莱
维阁亚·朱罗神庙。主祠
庙，东北侧近景

（右下）图5-134维拉卢尔
布米斯沃拉神庙（9世纪下
半叶）。西南侧景色

（左下）图5-135基莱尤尔
阿加斯蒂什庙（约884年）。
立面现状

有的特色，而在朱罗早期的神庙中完全看不到这类
表现。道格拉斯·巴雷特据此认为，这些具有良好布
局、体形壮观的寺庙与其说是朱罗早期风格的发端，
不如说是代表了前一阶段发展的顶峰[7]。

即便如此，到9世纪的最后二三十年，在乔勒曼
德勒姆地区，神庙的建造已开始得到迅猛的发展（当
然，其中大部分只是取代了老的结构）；到10世纪
末，朱罗早期的神庙，如道格拉斯·巴雷特所说，与
英国中世纪的教区教堂一样，已是遍地开花[8]。在一
种风格的成熟和鼎盛阶段，神庙大量集中于某特定地

（上）图5-136库姆巴科纳
姆 纳盖斯沃拉神庙（约910
年）。现状外景

（下）图5-137库姆巴科纳姆
纳盖斯沃拉神庙。檐部近景

区的现象在印度其他地方亦可见到，但只是在朱罗时期，才有这么多建筑完好地保留下来。这片地区历史上没有遭受穆斯林的破坏和掠夺固然是主要原因，但在一定程度上也是由于采用了较为坚硬的石材（片麻岩和各种花岗石）。不过值得注意的倒是，这些神庙

最集中的科弗里河三角洲，实际上是完全不产石材的地带。

朱罗早期风格的重要作品实际上是在一个极短的期间创造出来。在通往成功的路上显然进行了大胆的试验。留存下来的帕拉瓦时期神庙虽然数量不多，但

（上）图5-138库姆巴科纳姆
纳盖斯沃拉神庙。主祠，龛
室雕刻（女性人物可能是表
现印度史诗《罗摩衍那》的
女主角悉多）

（下）图5-139库姆巴科纳姆
萨伦加帕尼神庙组群。门塔
组群，现状（右侧为东门塔）

图5-140库姆巴科纳姆 萨伦
加帕尼神庙组群。东门塔
（17世纪），全景

宏大的气势和多样化的表现令人印象深刻，而朱罗早期的神庙没有一个能在规模或规划布局上与建志的凯立萨大庙或沃伊昆特佩鲁马尔神庙相比。这时期人们的努力主要集中在不断改进和完善具有独特魅力的风格部件，同时通过各种各样的方式把它们组合到一起，创造和谐的效果。最值得称道的是底层墙面的分

（上）图5-141库姆巴科
纳姆 萨伦加帕尼神庙
组群。东门塔，仰视近景

（左下）图5-142普拉曼
盖 布勒赫马普里斯沃
拉神庙（约910年）。立
面及局部详图（取自
HARDY A. The Templ
Architecture of India,
2007年）

（右下）图5-143普拉曼
盖 布勒赫马普里斯沃
拉神庙。现状

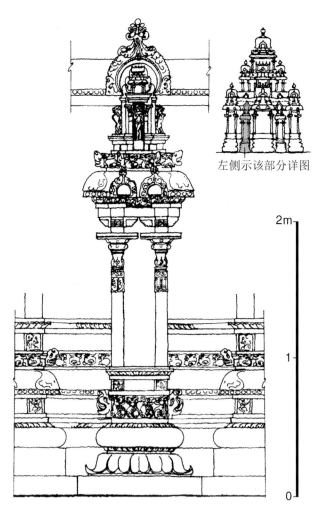

左侧示该部分详图

2m

1

0

划方式和基部的处理，它们和占有重要地位的物神雕刻一样，构成了神庙最优美的部分。严格的柱式构图类似西方的古典主义和文艺复兴建筑，在采用达罗毗荼风格的作品中，这样的表现持续了很长一段时间。但由于上层采用砖结构，其效果难免大打折扣，这些砖构现大都残毁，或用灰泥按后期的风格进行了拙劣的更新及翻修。

朱罗早期神庙主要在四个方面有别于帕拉瓦时期的同类建筑。首先是配置了具有一定深度的真正龛室，上置楣檐，两侧设半壁柱。通常于内祠西面、北面及南面底层外墙中间各设一个龛室，前厅（ard-hamaṇḍapa）两侧各一个，有时也可能更多一些（其中有的不带边框）；龛室同样可布置在顶塔基部正向方位的颈部（grīva）。二是在柱子和壁柱基部不设大型坐狮和神兽（角狮，yāḷis，vyālas）的雕像。三是除最简朴的神庙外，均以半圆形线脚取代八角形的斜边线脚，并在基部的上层线脚之间布置由密集的神兽（有时是其他动物）的头和肩部组成的精美饰带。最后是沿主要檐口线脚（kapota）下缘布置以低浮雕形式表现的成排相切圆，其上装饰性山墙（泰米尔语：

（上）图5-144普拉曼盖 〔勒赫马普里斯沃拉神 庙〕。近景

（下）图5-145斯里尼 〔瑟纳卢尔 科伦格纳 ·神庙（10世纪上半 ）。东南侧现状

本页及右页：

（左上）图5-146斯里尼瓦瑟纳卢尔 科伦格纳特神庙。南立面景观

（左下）图5-147斯里尼瓦瑟纳卢尔 科伦格纳特神庙。祠塔南侧局

饰：上师湿婆像（Śiva Dakṣināmūrti）

（中下左）图5-148克默勒瑟沃利 克尔科泰斯沃拉神庙。建筑现状

（中上右）图5-149克默勒瑟沃利 克尔科泰斯沃拉神庙。主祠近景

（中下右）图5-150朱罗时期铜像：四臂湿婆（Śiva Dakṣināmūrti

12世纪，新德里印度国家博物馆藏品）

（中上左）图5-151朱罗时期铜像：正在祈祷的罗摩（这种持斧的罗

摩形象被称为Parashurama，用失蜡法制作，在朱罗时期流行的这种

做法一直延续到17世纪；铜像现存日内瓦Musée d'Ethnographie）

（右）图5-152朱罗时期铜像：罗摩配偶悉多（Sita，10世纪，新

德里印度国家博物馆藏品）

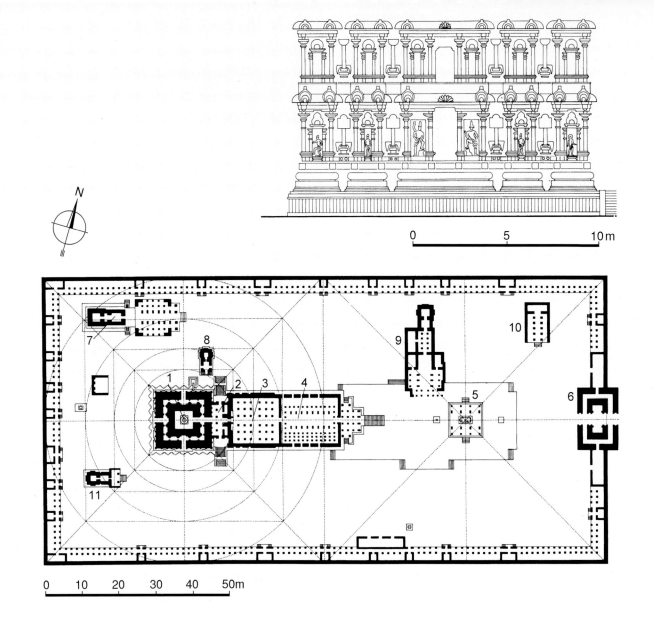

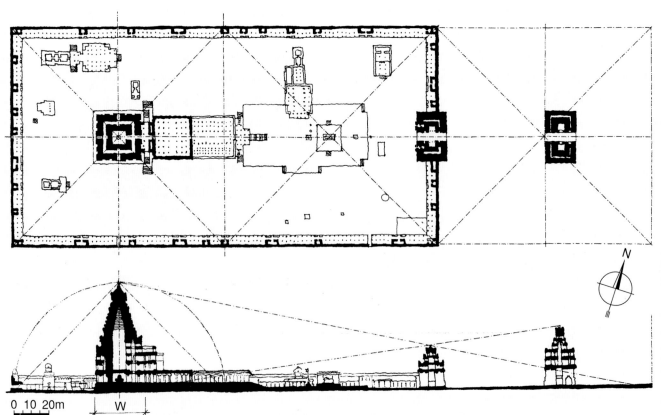

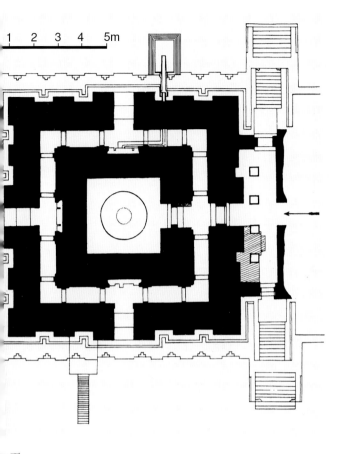

右侧示该部分详图

上页：

（上）图5-153坦贾武尔 布里哈德什沃拉寺庙（约1010年）。总
平面（1:1000）及主祠立面（1:200，不含顶塔），总平面图
中：1、内祠（其外绕回廊）；2、前厅；3、会堂（老厅）；4、
会厅（新厅）；5、南迪柱厅；6、内门塔（东面另有一外门塔，
见图5-154）；7、苏布勒默尼亚祠堂；8、琴德萨祠堂；9、安曼
祠堂；10、纳塔罗阇柱厅；11、迦内沙祠堂（图版取自STIERLIN
H. Comprendre l' Architecture Universelle, II，1977年）

（下）图5-154坦贾武尔 布里哈德什沃拉寺庙。总平面及剖面几
何关系分析图（据Pichard）：主祠庙塔高约60米，为围院宽度之
半，两倍于塔基宽度（W）；在印度南部地区，随着财富的增长
和施主野心的膨胀，后期扩建范围的门塔高度也随之增加

本页：

（左）图5-155坦贾武尔 布里哈德什沃拉寺庙。主祠庙平面（取
自HARLE J C. The Art and Architecture of the Indian Subcontinent,
1994年）

（右）图5-156坦贾武尔 布里哈德什沃拉寺庙。主祠庙，立面及
开跨详图（取自HARDY A. The Temple Architecture of India, 2007
年）

kūḍu）冠以"天福之面"，以此替代早先的桃形顶饰。

有些特征是和帕拉瓦神庙共有的。如枕梁的滚筒
式线脚（roll-moulding）和中间条带，但滚筒部分往
往由更精细的线脚进一步分划，和帕拉瓦神庙相比显
得更为轻快。柱子和柱头的构图及比例也相近，但
此时常用的壁柱和八角形及圆形的柱子一起，大大
丰富了构图效果；护墙板（kaṇṭha）下有时还有华美
的低浮雕串珠饰带（mālāsthāna，常配有小的舞蹈形
象）。龛室上几乎总是配有制作精美并带神话人物形
象的楣梁（makaratoranas）。在最考究的神庙里，壁
柱下部穿过柱础线脚的小嵌板上还刻有微缩的浮雕场

（上）图5-157坦贾武尔 布里哈德什沃拉寺庙。外门塔（右）、主祠庙区门塔（中）及南迪柱厅（左），西南侧景色

（下）图5-158坦贾武尔 布里哈德什沃拉寺庙。外门塔（高30米，通向长宽分别为270米和140米的第一个围地），内侧景观

景（有的为物神像，有的是取自往世书的典故）。基部线脚上最重要的大型反曲线脚是这种风格最具魅力的特色（在普拉曼盖神庙，系位于半圆形线脚之下并

饰有莲花花瓣）。龛室边墙面上有时也有浅浮雕的物形象，但都很小，并和龛室内的物神雕像在寓意有一定的关联。在墙面分划最复杂和最考究的许多

5-159坦贾武尔 布里哈德什沃拉寺庙。外门塔，屋顶雕饰细部（表现黑天窥视牧女在河中沐浴的情景，她们尚未意识到衣服已被黑天走；浮雕曾抹灰泥并施彩绘）

早期祠庙中，还配有自身带滴水檐口及基础线脚的阁状凸出部分（pañjaras）。

有时，早期祠堂通过后期扩建，成为一个更大组群的中心。但朱罗早期祠庙中，最复杂的也仅有一个中央祠堂[或几个祠堂带一个前厅（ardhamaṇḍapa）]、一个宽度比内祠为小的封闭厅堂（通常位于

南面）和外部围墙（有的还有一个大门）。基莱尤尔的神庙配有双祠堂，科杜姆巴卢尔的穆沃尔科维尔祠庙三个祠堂（仅此一例，且目前只有两个尚存，见图3-88）。在某些最早的神庙里，还有在周围供奉次级神祇（parivāradevatās）的独立祠堂。但没有一处能按其最初形态保留所有这些要素。

在采用朱罗早期风格的祠堂中，最早的一批全都位于穆特赖耶尔地区（卡利耶珀蒂、维瑟卢尔、蒂鲁普尔、珀嫩古迪和维拉卢尔等地，图5-134）。这些建筑规模不大，相对平素，并如基莱尤尔（阿加斯蒂

什庙，图5-135）和蒂鲁克特莱这类较大的寺庙组那样，从基部到顶饰全部以石砌造。它们全都建9世纪下半叶和10世纪初。神庙不仅数量越来越多，扩展的地域也越来越广。到婆兰多迦一世统治时（907~约940年），人们更爆发出一种几乎难以置的创造力，朱罗早期风格和真正意义上的朱罗建格——如果不考虑某些后期作品由于其巨大的规模导致的构造质量问题的话——可说是已臻于巅峰。

在这方面，最突出的有三座神庙。其中最精美可能是库姆巴科纳姆的纳盖斯沃拉神庙（建于910

左页：

图5-160坦贾武尔 布里哈德什沃拉寺庙。内
门塔（1014年），外侧现状

本页：

（上下两幅）图5-161坦贾武尔 布里哈德什
沃拉寺庙。内门塔，内侧景色

右，属坦贾武尔县，位于盛产稻米的卡维里河三
角洲上，图5-136~5-138）。祠堂和前厅立在一个饰
有花瓣的粗大反曲线脚上。带神话人物浮雕的过梁

（makaratoraṇas）堪称杰作。壁柱冠板上立舞女、乐
师或后腿站立的神兽雕像。遗憾的是，中央祠堂因近
代的增建、覆盖的灰泥和彩绘，原状已在很大程度上

本页：

（上）图5-162坦贾武尔 ⋯
里哈德什沃拉寺庙。主祠
庙，东侧入口门廊

（下）图5-163坦贾武尔 ⋯
里哈德什沃拉寺庙。主祠
庙，东北侧现状

右页：

（上）图5-164坦贾武尔 ⋯
里哈德什沃拉寺庙。主祠
庙，东南侧全景

（下）图5-165坦贾武尔 ⋯
里哈德什沃拉寺庙。主祠
庙，西南侧全景（左侧近处
为迦内沙祠堂，图面右侧自
右至左分别为外门塔、内门
塔及南迪柱厅）

本页：

图5-166坦贾武尔 布里哈代
什沃拉寺庙。主祠庙，祠堂
及顶塔，东南侧景色

右页：

图5-167坦贾武尔 布里哈代
什沃拉寺庙。主祠庙，祠堂
及顶塔，西北侧景色

被破坏。主要龛室（devakoṣthas）造像两侧设凹龛，其内雕像可能是表现男女信徒，有的造型上非常独特，如留有胡子和卷发的青年人。总的看来，除了后期的一两个替代品外，神庙的雕刻质量还是很高的。

纳盖斯沃拉神庙的附属祠堂中无一早于主庙，但其中有一个年代仅稍晚。从制作上看，在当时应该说是相当精美。除主要龛室及雕像外，还有前厅和守门天像。同时还留有一尊太阳神的大型造像，道格拉斯·巴雷特相信，它是周围早期（可能早至870年）砖构神庙的雕像遗存。如果是这样的话，那么它就是朱罗早期风格兴起之前，在乔勒门德勒姆中心地区留存下来的唯一雕刻实例（在库姆巴科纳姆，另一座具

有华丽门塔雕刻的建筑是萨伦加帕尼神庙组群，图5-139~5-141）。

位于自坦贾武尔到库姆巴科纳姆大道边普拉曼室的布勒赫马普里斯沃拉神庙，可作为朱罗早期神庙建筑的另一个高峰时期的代表（图5-142~5-144）。建筑仅由祠堂、围墙和一个后期的门塔组成，但保存完好[包括几乎所有最初的雕刻，仅内祠南侧的砖雕湿婆导师相（Dakṣināmūrti）除外]，只是后期上部砖结构的装饰令总体效果大打折扣。神庙自一个砌筑的浅水浅池内升起，和基部饰有莲花瓣的反曲线脚完美地结合在一起。位于冠板上的雕像、壁柱基部精美的紧缩浮雕、壁柱颈下和龛室边墙面上的雕刻，以及龛室

上带神话人物形象的过梁（makaratoraṇas），全都具
了高超的质量，精炼、雅致。物神雕像占据了通常的
位置：林伽像[Liṅgodbhava，有时为半湿婆半毗湿奴
的组合神（诃利诃罗），乃至直接用毗湿奴像]位于
祠西侧，梵天位于北面，湿婆导师相在南面，作为
争和胜利女神的杜尔伽位于前厅北面，象头神迦内
在南面。这些雕刻或许并不像最优秀的朱罗早期作
那样充满力度，但具有一种与建筑风格完全匹配的
美和优雅。在通往内祠的入口处同样布置了两尊壮

页：

5-168坦贾武尔 布里哈德什沃拉寺庙。主祠庙，祠堂及顶塔，
侧（背面）景观

页：

上）图5-169坦贾武尔 布里哈德什沃拉寺庙。主祠庙，祠堂及顶
，西南侧景色

下）图5-170坦贾武尔 布里哈德什沃拉寺庙。主祠庙，北侧入口

（上）图5-171坦贾武尔里哈德什沃拉寺庙。主庙，南侧入口

（下）图5-172坦贾武尔里哈德什沃拉寺庙。南迪厅，东侧景观（远景为主庙顶塔）

（上）图5-173坦贾武尔 布
里哈德什沃拉寺庙。南迪柱
厅，东南侧现状

（下）图5-174坦贾武尔 布
里哈德什沃拉寺庙。苏布勒
式尼亚祠堂（约1750年，位
于大院西北角），西南侧景色

的守门天（dvārapālas）雕像，只是如这时期的其
厅堂一样，处在昏暗的光线下，难以分辨。前厅上
全遵循古制，布置亭阁式栏墙。

位于蒂鲁吉拉帕利以西约30英里处斯里尼瓦瑟纳
卢尔的科伦格纳特神庙（图5-145~5-147），则可视
为朱罗早期神庙的一个罕有实例。建筑两个主要层位

均设内祠（第二个为砖构），并配有绕内祠的巡行通道（sāndhāra）。主要内祠特厚的墙体显然是出自结构的考虑。在内祠和前厅之间还有一个门厅。这种不同寻常的布局可能是神庙地方特色的反映（建筑位于孔古德萨边界地区，背靠尼尔吉里丘），而基部华美的角狮（vyāla）饰带、带神话人物雕饰的门梁（makaratoraṇas），以及内祠外墙的醒目分划，均属最优秀和最纯粹的朱罗早期风格[外墙交替布置方形、八角形和少量的圆形壁柱，柱头造型尤为引人瞩目，带有向外张开的托座（idaḷs）和既薄且宽的冠板（palagais）]。平素狭窄的壁龛内，安放着装得体的男女信徒，尤以湿婆导师相（Śiva Dakṣināmūrti）的雕刻最为突出（见图5-147）。

949年，朱罗帝国遭受了一次沉重的打击，在塔科拉姆之战中败给了罗湿陀罗拘陀王朝，失去了对古代门达勒姆地区的控制。到10世纪下半叶，神庙建设的主要施主是皇后塞姆比扬·默哈德维。尽管祠庙

对页：

（上）图5-175坦贾武尔 布里哈德什沃拉寺庙。苏布勒马尼亚祠堂，南立面（阶梯式锥形顶塔仍依旧制，以八角形穹顶作为结束）

（下）图5-176坦贾武尔 布里哈德什沃拉寺庙。苏布勒马尼亚祠堂，内祠外的净化池

本页：

（上）图5-177坦贾武尔 布里哈德什沃拉寺庙。迦内沙祠堂（位于大院西南区），西南侧现状

（下）图5-178坦贾武尔 布里哈德什沃拉寺庙。琴德萨祠堂（位于主祠庙北侧），西北景色（右侧为主祠庙，后可依次看到内外两道门塔）

稍有扩大，柱厅每侧龛室的数目增为三个，但和同期德干地区和印度北部的朱罗早期神庙相比，只能算规模相对适中，平面也比较简单。只是从此时开始，出现了带花瓣的典型托座及上冠筒拱顶（sālā）的龛室（首次出现在克默勒瑟沃利的克尔科泰斯沃拉神庙里，为盲拱，尔后这种形式很快得到普及，图

（左页及本页上三幅）图5-179坦贾武尔 布里哈德什沃拉寺庙。龛室雕刻（神祇群像，龛室两侧采用分离式壁柱）

（本页下）图5-180坦贾武尔 布里哈德什沃拉寺庙。雕饰细部：狮子和大象（围绕外墙布置的这类雕刻据信可形成一道防线，防止邪恶势力侵入神的住所）

5-148、5-149）。

二、朱罗后期

　　罗茶罗乍一世[9]可能是朱罗王朝最伟大的君主，985年他的登位标志着朱罗王朝早期的终结。虽说在寺庙建筑及风格上并没有突然的变化，塞姆比扬·默哈德维的建筑活动一直持续到她孙子执政时期，但在首都坦焦尔（坦贾武尔）建造的巨大神庙无疑标志着一个新阶段的开始。从这时开始，到朱罗王朝末代帝王罗贞陀罗三世（1246~1279年在位）战死疆场[10]、帝国被潘迪亚王朝灭亡为止，将近300年期间，其领土扩展到斯里兰卡北部，并对爪哇的三佛齐（中国古籍称室利佛逝）进行了成功的征讨，是印度漫长历史上唯一将势力扩张到海外的帝国，也是其建筑和艺术表现最辉煌的年代（图5-150~5-152）。罗茶罗乍一世之子罗贞陀罗一世（1014~1044年）是帝国最著名的统治者和军事统帅，号称"全方位征服者"（digvijaya），他将帝国的势力一直扩展到印度北面的恒河流域。这时期他们的主要对手是北边的西遮娄其王朝以及南边的潘地亚王朝。一些艺术史学者以1070年俱卢同伽一世登位为界，将这段历史进一步分为两个阶段，之前称朱罗中期（Middle Cola），之后称后期（Late Cola）。但也有学者，如J. C. 哈尔认为，这种划分既无必要亦无正当缘由，因为早期以后有关建筑及雕刻的资料本来就不多，没有必要细分，况且以

本页及左页：

（左）图5-181坦贾武尔 布里哈德什沃拉寺庙。雕饰细部：罐式基座[基座部位的大型球罐在这里代表宇宙（brahmāṇḍa），从罐口处长出蔓生植物的卷曲枝叶并在侧面散开]

（右）图5-182坦贾武尔 布里哈德什沃拉寺庙。柱厅内景

（中）图5-184坦贾武尔 布里哈德什沃拉寺庙。院廊内景及壁画（沿内院围墙的双列柱廊道长约450米，内置黑石林伽，墙面上12世纪的壁画表现有关湿婆的神话故事）

1070年或其他某个时间为转折点，从艺术史上看也没有多少依据[11]。

在建筑上，这个时期开始的标志是坦贾武尔的布里哈德什沃拉寺庙的建设，用大约15年时间建成的这座神庙是印度南部最大的单体工程（平面、立面及剖面：图5-153~5-156；门塔：图5-157~5-161；主祠庙：图5-162~5-171；附属建筑：图5-172~5-178；雕饰细部：图5-179~5-181；内景及壁画：图5-182~5-186）。

本页：

（上）图5-183坦贾武尔 布里哈德沃拉寺庙。内祠入口

（下）图5-185坦贾武尔 布里哈德沃拉寺庙。院廊壁画[朱罗王朝国王拉贾拉贾和他的国师（前方老者）为印度最早的国王画像]

右页：

（上）图5-186坦贾武尔 布里哈什沃拉寺庙。院廊壁画（坐在公南迪身上的湿婆和他的妻子雪山女，两侧为仆人）

（左下）图5-187印度南方挑腿的进（取自HARLE J C. The Art and Architecture of the Indian Subcontinent, 1994年）

（右下）图5-188根盖孔达-乔拉拉姆 罗茶罗乍斯拉神庙（约10年）。建筑群，平面及剖面（取自HARLE J C. The Art and Architecture of the Indian Subcontinent, 1994年图中：1、主入口（东门塔）；2、北门；3、南迪雕像；4、门廊；5、柱厅；6、前厅；7、内祠；8、南堂；9、迦内沙祠堂；10、北祠堂；11、琴德萨祠堂；12、杜尔伽祠堂；13、石狮；14、井

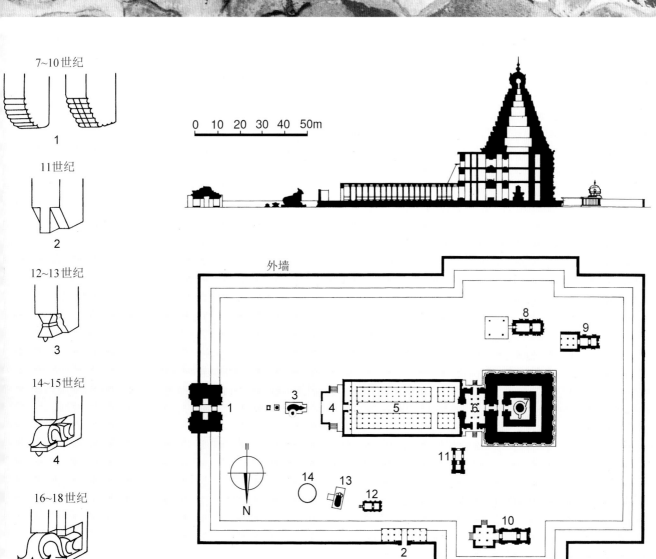

7~10世纪

1

11世纪

2

12~13世纪

3

14~15世纪

4

16~18世纪

5

0 10 20 30 40 50m

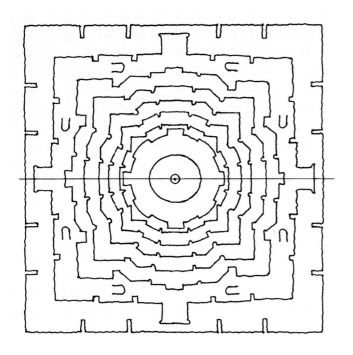

高约63米的祠堂顶塔可能完成于1009~1010年，是印度最高和最大的这类建筑。印度南部大多数祠庙都建在和古代神祇或圣人相联系的圣树（sthalavṛksa）边，或与往世书（Purāṇa）典故相关的处所，或古代地方传说中的圣地，但布里哈德什沃拉寺庙作为朱罗王朝全盛时期的王室纪念碑，好像是建在一个全新的基址上。这从祠堂内供奉的神名亦可看出（作为湿婆的罗荼罗乍君王，Lord of Rājarāja），神庙也从没有超出这个最初的定位。

本页及右页：
（左上）图5-189根盖孔达-乔拉普拉姆 罗荼罗乍斯沃拉神庙。主祠庙，屋顶平面（取自HARDY A. The Temple Architecture of India, 2007年，经改绘）

（中上）图5-190根盖孔达-乔拉普拉姆 罗荼罗乍斯沃拉神庙。东北侧，远景

（中中）图5-191根盖孔达-乔拉普拉姆 罗荼罗乍斯沃拉神庙。正面（东侧）全景

（中下）图5-192根盖孔达-乔拉普拉姆 罗荼罗乍斯沃拉神庙。东门塔近景

（右两幅）图5-193根盖孔达-乔拉普拉姆 罗荼罗乍斯沃拉神庙。自南迪雕像处望主祠庙

在带围墙的巨大围地内，还有供奉次级神祇（pārivaradevatās）和方位护法神（dikpālas）的祠堂。尚存的琴德斯沃拉（湿婆侍从神祇之一）祠堂是个独立的小型建筑，另有八尊方位护法神分别供在靠着建筑群围墙的祠堂内。建筑群两座排成一行的大门极其壮观，是首批最宏伟的这类建筑实例。华美的苏布勒默尼亚（南方对室建陀的称呼）祠堂属则纳耶克王朝时期（见图5-174~5-176）。

鉴于范围很大，建筑群似乎显得并不是特别宏伟，祠堂的高塔和巨大的柱厅可能部分抵消了这种象。早期的朱罗祠堂，尽管其中许多相当华丽，但模上也就相当于较小的英国教区教堂，而布里哈什沃拉寺庙则可与欧洲的主教堂相比。高两层的堂（dvitala）形成上部逐层减缩的13层塔楼的巨大座。顶上的穹顶位于7.7米见方重约80吨的巨大花石块体上。

内部巡回通道同样高两层，由一系列在它之间带门槛的"房间"组成，但没有装门（见

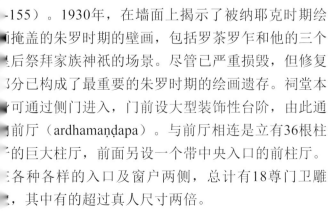

本页及左页：

（左上）图5-194根盖孔达-乔拉普拉姆 罗茶罗乍斯沃拉神庙。主祠庙，东南侧全景

（右）图5-195根盖孔达-乔拉普拉姆 罗茶罗乍斯沃拉神庙。主祠庙，西南侧景观（前景为迦内沙祠堂）

（中）图5-196根盖孔达-乔拉普拉姆 罗茶罗乍斯沃拉神庙。主祠庙，西侧（背立面）现状

（左下）图5-197根盖孔达-乔拉普拉姆 罗茶罗乍斯沃拉神庙。主塔，东南侧远观

-155）。1930年，在墙面上揭示了被纳耶克时期绘画掩盖的朱罗时期的壁画，包括罗茶罗乍和他的三个王后祭拜家族神祇的场景。尽管已严重损毁，但修复部分已构成了最重要的朱罗时期的绘画遗存。祠堂本身可通过侧门进入，门前设大型装饰性台阶，由此通向前厅（ardhamaṇḍapa）。与前厅相连是立有36根柱子的巨大柱厅，前面另设一个带中央入口的前柱厅。在各种各样的入口及窗户两侧，总计有18尊门卫雕像，其中有的超过真人尺寸两倍。

在朱罗早期的稍后阶段，某些神庙里已可看到的高底座（upapīṭha），其比例根据建筑高度又有新的调整。此外，布里哈德什沃拉寺庙构造上还有两个重要创新。其一是挑腿中部没有斜边，留下一个矩形截面的榫口（图5-187之2），形成演化进程中的重要一步。其二是引进了一种独特的外墙装饰母题（称kumbhapañjara），按古代文献《均衡要义》（Mānasāra）的描述，其造型为"墙上的龛室，由罐饰、壁柱和顶上的一个小的亭阁组成"。由泰米尔

本页:
图5-198根盖孔达-乔拉普拉
姆 罗茶罗乍斯沃拉神庙。
主塔，基部近景

右页:
（上）图5-199根盖孔达-乔
拉普拉姆 罗茶罗乍斯沃拉
神庙。主塔，上部结构近景

（下）图5-200根盖孔达-乔
拉普拉姆 罗茶罗乍斯沃拉
神庙。主塔，雕饰近景

建筑师创造的这种装饰母题通常以高浮雕的形式出现，具有很强的象征意义，包含了印度教有关宇宙起源的信念。位于基座上的大型球罐在这里代表宇宙（brahmāṇḍa），从罐口处长出蔓生植物的卷曲枝叶并在侧面散开。之后，这一母题即用于比较复杂的大型建筑立面的凹进部分。只是这些雕刻的价值目前尚

难以评定，因为大部分都被彩绘和灰泥掩盖，处于损毁状态。神庙的巨大尺寸和填满两个龛室条带的任务显然给雕刻师们出了一道难题，由于很难找到足够的不同物神，有时只能重复同一母题，如湿婆杀死恶罗刹（Rakshasas）之类。

第二个大型帝国神庙（罗茶罗乍斯沃拉神庙）

本页：

（左）图5-201根盖孔达-乔拉普拉姆 罗茶罗乍斯沃拉神庙。主庙，浮雕（湿婆和琴德萨，约1025年，位于前厅北入口西侧）

（右）图5-202根盖孔达-乔拉普拉姆 罗茶罗乍斯沃拉神庙。主庙，浮雕（半女湿婆像）

右页：

（上）图5-203根盖孔达-乔拉普拉姆 罗茶罗乍斯沃拉神庙。南堂，北侧现状

（下）图5-204根盖孔达-乔拉普拉姆 罗茶罗乍斯沃拉神庙。北堂，南侧景色

于罗贞陀罗一世的都城根盖孔达-乔拉普拉姆，城市本身目前已无迹可寻。神庙平面上略大于坦贾武尔神庙（内殿长30米，但高仅50米，图5-188~5-205）。由于上部只有七层，形成各层的亭阁尺度较大且均为独立结构，因此外廊看上去较为丰富，上部稍呈内凹曲线，预示了之后13层大型塔门（gopuras）的外廊形式。下部则如坦贾武尔神庙，高两层，但相对高度

本页：
（上）图5-205根盖孔达-乔拉普*
姆 罗茶罗乍斯沃拉神庙。杜尔伽*
堂，南侧景观
（下）图5-206达拉苏拉姆 艾拉沃*
斯沃拉庙（12世纪下半叶）。主*
庙，立面及局部详图（取自HARD*
A. The Temple Architecture of Indi*
2007年）
右页：
（上）图5-207达拉苏拉姆 艾拉沃*
斯沃拉庙。围墙东门塔，东侧全景
（下）图5-208达拉苏拉姆 艾拉沃*
斯沃拉庙。围墙东门塔，东侧近景

比例上更为宽阔。同时，没有平的壁柱。总之，和采用严格的直线及金字塔式构图、上层亭阁更接近浮雕的坦贾武尔神庙相比，年代稍晚的这座神庙显然和朱罗早期最后阶段的建筑关系更为密切（更加突出个体部件的作用，以曲线而不是直线构图为主）。两座神庙的内祠全都是以石砌造。

围绕内祠布置了一道不带隔间的巡回通道。和坦贾武尔神庙一样，前厅两侧入口处布置两阶梯道。部分内墙嵌板上安置取自往世书和史诗的浮雕场景。大部重建的大柱厅配有位于中央本堂两侧四个4英尺高基座上的140根柱子。由于所有这些组成部分，包括通向柱厅的入口门廊，均立于带连续线脚的同一基座上，想必都建于同一时期。大塔两侧一对极其相似的祠堂亦属同期，其中一个已部分残毁，另一个后期改奉司雨水的安曼女神。在现已无存的城市里，尚有罗贞陀罗时期长约5公里的巨大水池（或湖），其设计灵感可能是来自斯里兰卡的大池。

雕刻大都缺乏想象力，不但沉重且多少显得有些呆板（如图5-201，Caṇḍeśanugrāhamūrti）。方位护法神全安置在龛室上层，看来并没有得到格外的关照，龛室中间墙面浮雕的布局也显得更为自由。

在朱罗时期又建了两个大型庙塔，但在规模上都不如上述两座祠庙。到12世纪末建造第二座庙塔时，已准备开始建造高度上统领整个建筑群的入口塔门。尽管没有罗茶罗乍一世和他儿子统治时期的文献记录，但两座神庙看来都是由王室投资建造。

库姆巴科纳姆附近达拉苏拉姆的艾拉沃泰斯沃拉

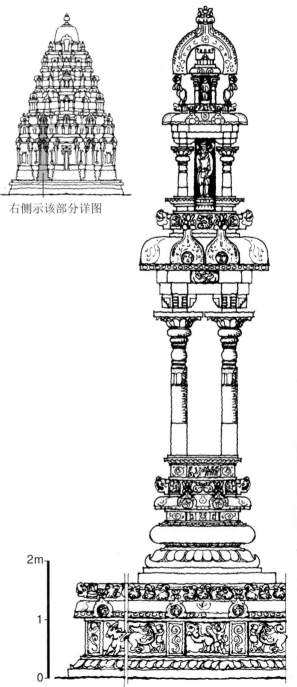

右侧示该部分详图

庙系由罗荼罗乍二世（约1146~1173年在位）建造。内
周地由带六座附属祠堂的柱列回廊环绕，在封闭的柱
厅前立一大型开敞门廊，巨大的石轮和后腿挺立的骏
马雕像使它看上去好似一辆战车（图5-206~5-218）。
作为门廊柱础的蹲坐神兽（yāli）可视为一种仿古表
见，偶尔见于以后的达罗毗荼建筑；宽大的冠板更是
及为夸张。另一方面，挑腿则表现出其漫长发展进程

中的下一个阶段：平素的三角形榫口腰部收缩，底部设置了跌水（见图5-187之3）。所有托座上均饰有花纹。独立的女神祠堂可能稍晚于主体结构，但此后如马曼祠堂一样，成为各神庙组群不可或缺的组成部分。神庙高基座上的浮雕堪称杰作，表现诗人和学者塞基泽尔所著《大往世书》（Periya Purāṇa）中描述的湿婆教圣人的生活。神庙里发现的体格健美的大型守门天雕像据传取自西遮娄其都城卡利亚尼，现藏坦贾武尔艺术博物馆（Tañjavūr Art Gallery）内。

艾拉沃泰斯沃拉庙上部结构五层；另一个朱罗

本页及左页：

（左上）图5-213达拉苏拉姆 艾拉沃泰斯沃拉庙。祠堂，顶塔近景

（左下）图5-214达拉苏拉姆 艾拉沃泰斯沃拉庙。祠堂，顶塔雕饰

（中下）图5-215达拉苏拉姆 艾拉沃泰斯沃拉庙。开敞门廊，东侧基台浮雕：马车造型

（中上）图5-216达拉苏拉姆 艾拉沃泰斯沃拉庙。开敞门廊，西侧台阶护栏浮雕：大象

（右）图5-217达拉苏拉姆 艾拉沃泰斯沃拉庙。雕刻：舞神湿婆（充满活力和动态的身段，使这尊雕刻成为朱罗时期艺术中不可多得的珍品）

期的大型塔庙、由俱卢同伽三世（1178~1218年在
）斥资建造的特里布沃纳姆的克姆珀赫雷斯沃拉祠
有六层（图5-219~5-222）。其直线外廓使人想起

坦贾武尔的大庙，但基座部分在构图上的作用有所提
高，颇具新意；凸出的亭阁配有龛室。在较高的门塔
处，基座演变成额外的一层。这座祠庙及门塔同样发

本页：

（上）图5-221特里布沃纳姆 克姆珀赫雷斯沃拉祠庙主体建筑，东南侧景色

（下）图5-222特里布沃纳姆 克姆珀赫雷斯沃拉祠庙主塔，西南侧近景

右页：

（左上）图5-223梅勒克德姆布尔 厄姆特格泰斯沃拉庙（约1100年）。门塔及柱厅，现状

（左中）图5-224梅勒克德姆布尔 厄姆特格泰斯沃拉庙。主祠及顶塔，近景

（右上）图5-225梅勒克德姆布尔 厄姆特格泰斯沃拉庙。主祠及顶塔，雕饰细部

（右下）图5-226吉登伯勒姆（泰米尔纳德邦） 纳塔阇（舞神湿婆）寺（10世纪创建，现存寺庙属12世后期和13世纪初）。卫星全景图[上为北，图中：东门塔；2、南门塔；3、西门塔；4、北门塔；5、柱厅；6、圣池；7、提毗（安曼、女神）祠堂；8湿婆祠堂组群；9、毗湿奴祠堂]

（左下）图5-227吉登伯勒姆 纳塔罗阇寺。历史图景门塔（版画，作者James Fergusson，1847年）

展了传统的达罗毗荼柱式部件及其装饰。半圆形线脚和滴水挑檐板加饰肋纹；壁柱中部断开形成小面，与达罗毗荼形式大异其趣。另一个重要的变化是挑腿中央的榫口形成倒扣的钟形，并带有枝叶图案及曲线侧面。战车式门廊处雕有两头大象，曾有过几个石轮。

在罗荼罗乍一世（985~1014年在位）之后的两个半世纪期间，王朝统辖范围内兴建了许多较小的神庙，其中有的只是取代了老的结构。中等规模的祠堂通常都有一个前厅，入口大部设在侧面。大多数小型祠庙在布局及建筑特色上，都以大神庙为榜样，只是

本页：

（左上）图5-228吉登伯勒姆 纳塔罗阇寺。历史图景：圣池及北塔（版画，约19世纪70年代，作者不明）

（左中）图5-229吉登伯勒姆 纳塔罗阇寺。历史图景：柱厅（画，作者E. Therond，取自《Le Tour du Monde》，1869年）

（左下）图5-230吉登伯勒姆 纳塔罗阇寺。历史图景：女祠堂，柱厅内景[版画，1847年，作者Thomas Colman Dibd（1810~1893年），取自FERGUSSON J. Ancient Architecture in H doostan]

（右）图5-231吉登伯勒姆 纳塔罗阇寺。东门塔（主门塔，约12年），内侧现状

右页：

（上）图5-232吉登伯勒姆 纳塔罗阇寺。东门塔，上部近景

（下）图5-233吉登伯勒姆 纳塔罗阇寺。东门塔，雕饰细部

更为朴实，雕刻较少，构造也更为简单。卡里卡尔附
近塞图尔的一个小祠庙于龛室上置筒拱顶（śālās）；
和以前相比，主要滴水挑檐显得格外沉重，虽保留了
下面的土地神（bhūta）饰带，但基部没有采用大型
莲花瓣线脚；半圆形线脚如帕拉瓦神庙那样带简单的
三斜面，挑腿则属平榫类型，托座饰有花瓣，壁柱截
面为圆形或八角形。虽没有发现铭文，但看来很可能
是建于12世纪。其他小祠堂更加偏离10世纪的规章，
往往以方形的附加壁柱取代龛室。龛室本身多为直
龛，以壁柱围括墙面区段；无论是龛室还是壁柱，都

本页：

（上）图5-234吉登伯勒姆 纳塔罗阇寺。东门塔，门洞近景

（下）图5-235吉登伯勒姆 纳塔罗阇寺。东门塔，门洞浮雕（表现
湿婆的108种古典舞姿，所谓Bharathanatyam）

右页：

（上下两幅）图5-236吉登伯勒姆 纳塔罗阇寺。东门塔，门洞浮雕
（湿婆舞姿），近景及细部

有深入到基部线脚内。主要滴水挑檐本身就很沉，加之向前凸出甚多，更加突出了笨拙的感觉。土神（bhūta）和神兽（yāḷi）的雕饰条带不再使用，而是让位给处处可见的莲花状部件（padma，泰米尔idaḷ）。后者的尖头越来越密集，已大部蜕化成位于基部线脚乃至龛室楣梁和山墙下面的齿状边缘（特别是在方形柱头上，已形同齿饰）。在建志，业经修复的乔基斯沃拉神庙（12世纪）尽管有龛室和位于滴水口上的神兽饰带，仍可视为后期小型神庙的范例。

与特里布沃纳姆神庙类似的表现另见于梅勒克德布尔的厄姆特格泰斯沃拉祠庙，建于1100年左右的这座建筑表现极为独特（图5-223~5-225）。其肋状滴水挑檐板和支提拱山墙（kūḍus）通常被认为属13世纪及以后。壁柱要比达罗毗荼风格的通常做法复杂得多。墙面上堆满了各类物神的浮雕，众多繁杂部件

中包括比壁柱脚为宽的方形部件[以莲花苞取代了尖头饰（nāgapadams）]、狮雕支座及舞者嵌板。柱头冠板上立动态夸张的舞女和以后腿站立的神兽。在朱罗时期，仅有特里布沃纳姆神庙在雕刻和装饰上接近这种杂乱的风格。

这座祠庙的内祠立面同样不同寻常：基部附有四个石轮及石马雕像；每侧于中央龛室前设台阶及门廊；上部巨大的支提拱（kūḍus）将滴水檐口完全阻断，顶上的"天福之面"（kīrttimukhas）几乎达到上层高度，拱内部设带雕像的精美小型龛室（deva-koṣṭhas）。平面八角形的第二层要比首层小很多，因此四角的微缩亭阁（koṣṭhas）尺度相对较大，且本身配有龛室、角上的神兽或舞者。顶塔等部分年代较为晚近，丰富的雕饰部分可上溯至11世纪，和吉登伯勒姆西门塔龛室上层的雕饰不无相似之处。圣人的雕像年代稍晚。尽管朱罗后期的艺术史还没有最后厘清，但作为一个极富魅力的小型建筑，梅勒克德姆布尔祠庙无疑可作为这时期最重要的作品之一。

特里布沃纳姆的克姆珀赫雷斯沃拉祠庙是最后一

（上）图5-237吉登伯勒纳塔罗阁寺。北门塔，远（由圣池望去的景色）

（下）图5-238吉登伯勒纳塔罗阁寺。北门塔，西侧现状（这种门塔之后成印度南部类似建筑的范本

（上）图5-239吉登伯勒姆塔罗阁寺。北门塔，顶部￼景

（左下）图5-240吉登伯勒姆塔罗阁寺。西门塔（约￼75年），内侧景观

（右下）图5-241吉登伯勒姆塔罗阁寺。提毗祠堂（安祠堂），东侧现状（前方通向圣池的台阶）

带大型内祠的神庙，其高大的塔门俯视着整个建筑群。而最早的塔门，如马马拉普拉姆的岸边神庙和志的凯拉萨（拉杰辛哈）大庙，也就是个比普通大稍大、上置筒拱顶（śalās）的门楼。目前还有二三10世纪的这类门楼留存下来，但都在很大程度上经

过改造。接下来在11世纪早期建造的坦贾武尔的布里哈德什沃拉寺庙组群中，塔门不仅在建筑本身的发展上迈出了重要的一步，与以前相比，在建筑群中发挥的作用也更为突出。在神庙东侧，两座塔门依次排列在主轴线上，形成通过两道围墙的连续入口。尽管不

本页：

（左上）图5-242吉登伯勒
纳塔罗阇寺。提毗祠堂，
厅内景

（中）图5-243吉登伯勒姆
塔罗阇寺。提毗祠堂，天
画：化身作女神（Mohini
的毗湿奴

（右上）图5-244吉登伯勒
纳塔罗阇寺。迦内沙祠堂
19世纪上半叶景色（老
片，建筑已于19世纪后期
拆除）

（下）图5-245吉登伯勒姆
塔罗阇寺。千柱厅，东北
景观

右页：

（上）图5-246吉登伯勒姆
塔罗阇寺。千柱厅，内景

（中）图5-247吉登伯勒姆
塔罗阇寺。圣池（湿婆-恇
池，远景为北门塔）

（下）图5-248吉登伯勒姆
塔罗阇寺。圣池，廊道景

主体建筑内祠上的顶塔宏伟壮观，但比印度南部早
的这类建筑还是要大得多。虽说造型在许多方面仍
旧制，但由于层数有限，上部筒拱顶较长，整体轮
仍显得相当敦实（见图5-161），唯上层已无可能
达罗毗荼建筑那样在栏杆后面布置绕行通道。在外
门，各侧立面中央栏杆后布置可直接观赏的石刻
像：南面为湿婆导师相（Dakṣiṇāmūrti），北面为
天（Brahmā）像（但没有完成，且从下面无法看
）。上层砖砌，如后期塔门那样，逐层叠涩缩减；
是在这里，内部由三个彼此分开、既看不到也没有
以利用的锥形空间组成。

　　类似坦贾武尔塔门这样的辅助建筑很少有先例
如果有的话）。在这里已经出现了后期塔门的一些
要特征。入口通道两侧布置高两层的前厅，每个入
前均设沉重的壁柱，其间布置独石门槛，壁柱上承
型枕梁，其上搁置巨大的独石楣梁。在通道内及附
，以浮雕形式表现印度南部作为入口象征的土地神
Bhūtas）和财神（Nidhis）；侧立面开窗为上层巡
廊道采光（后封死）。在这里，塔门内侧及外侧立
并没有像后期那样力求一致，这既属独特表现，也
映了过渡时期和试验阶段的特点。同样值得注意的
，在内塔门的内立面，中央通道两侧布置了上下叠
的三个小祠。下两个确有内部空间，但上一个仅是
室（devakoṣṭha）。外立面最令人注目的是一对巨

大的守门天雕像，属印度神庙建筑最大造像之一。这
两座塔门在组群构图上的重要作用进一步由于它们和
宏伟的内祠塔楼及柱厅位于同一主要轴线上而得到
强调（特别是当高五层的外塔门高于三层的内塔门
时）。尤为难得的是有文献证据表明，它们建于同一
时期，也就是说，建筑高度的增加完全是按设计要

求，和建造年代无涉（不像有些大型神庙组群，因
期建筑技术的进步增建了围墙），也不是出自压倒
期建筑的愿望。此后，自根盖孔达-乔拉普拉姆神
开始，几乎所有大型神庙建筑群里，均建有具有相
规模的塔门。在达拉苏拉姆的外塔门建造之前，塔
可能最高到五层。达拉苏拉姆外塔门估计为七层，

本页及左页：

（左及中）图5-249吉登伯勒姆 纳塔罗阇寺。龛室雕刻

（右）图5-250阿尔西凯雷（卡纳塔克邦）伊什神庙（1220年）。东南侧现状（平面16角形的柱厅为特殊表现）

建筑曾被毁并进行了修复、更新和扩建，现存寺庙大部属12世纪后期和13世纪初，但后期增建部分基本遵循原有风格（卫星图：图5-226；历史图景：图5-227~5-230；各门塔：图5-231~5-240；附属建筑：图5-241~5-248）。

　　吉登伯勒姆寺是仅有的主要属12和13世纪的大型寺庙建筑群，因此具有特殊的价值。其中包括当时（尽管准确年代尚未查明）各种最时兴的设计，如已知最早的提毗（或安曼）女神的祠堂、舞厅、带战车轮子的太阳神祠堂、迦内沙祠堂、千柱厅，乃至第一个象征湿婆和恒河的巨大水池。特别是建筑及其周围回廊的某些柱子，与达拉苏拉姆和特里布沃纳姆神庙里采用的类型一致（见图5-210、5-221），但完全不见于毗奢耶那伽罗。在吉登伯勒姆组群，除第四道（即最外圈）围墙目前还无法肯定外，至少内圈的三道围墙均属这一时期。

　　与此同时，由于大部分建筑年代较早，除了可探知印度南方大型神庙组群的总体布局外，吉登伯勒姆建筑群并不能提供更多的具体信息。例如，目前甚至还无法确定其最初的朝向。况且，第三道围墙上的四座保存完好的门塔，定位上亦与标准做法相悖。不过，就建筑本身而言，虽略小于后期某些巨塔，但

残留的下部与吉登伯勒姆（泰米尔纳德邦）纳塔罗阇寺建筑群的四座巨大门塔非常类似，后者与斯里伦格姆岛上的杰姆布凯斯沃拉神庙一起，构成了朱罗末期一个重要的建筑组群。

　　吉登伯勒姆的纳塔罗阇（舞神湿婆）寺创建于10世纪（当时吉登伯勒姆为朱罗王朝的都城），之后

（上）图5-251阿尔西凯雷
什神庙。西南侧全景（祠
和开敞柱厅皆为星形平
，中间的封闭式柱厅为半
形平面）

下）图5-252阿尔西凯雷
什神庙。祠堂及封闭式柱
，东南侧景色

页：

5-253阿尔西凯雷 伊什神
。祠堂，西北侧（背面）
状

属这种类型的古典范例（见图5-231）。在某些方
，其风格已显得保守和过时。更令人惊讶的是，各
均保留了带平素榫头的枕梁。立面同样表现出这种
守倾向：龛室上的筒拱加了许多带雕饰的过梁，入
边侧基部线脚处出现了反曲线的莲花状部件，同样

的装饰尚见于其他各处，只是尺度较小。

实际上，在这里，人们可看到全套朱罗风格的表
现（见图5-240）。例如，基部的半圆线脚就有四种
不同形式：平素的、稍带肋纹的、八角形的和带小面
的。角上凸出部分采用了少见的方形壁柱，柱头向外

本页及右页:

（左）图5-254阿尔西凯雷
什神庙。祠堂，近景

（右上）图5-255阿尔西凯
伊什神庙。开敞柱厅，
景（采用星形平面及穹
天棚）

（右下）图5-256京吉（泰
尔纳德邦）城堡组群（11
年，13世纪扩建）。总平面（
自MICHELL G. Architectu
and Art of Southern Indi
1995年）

铁

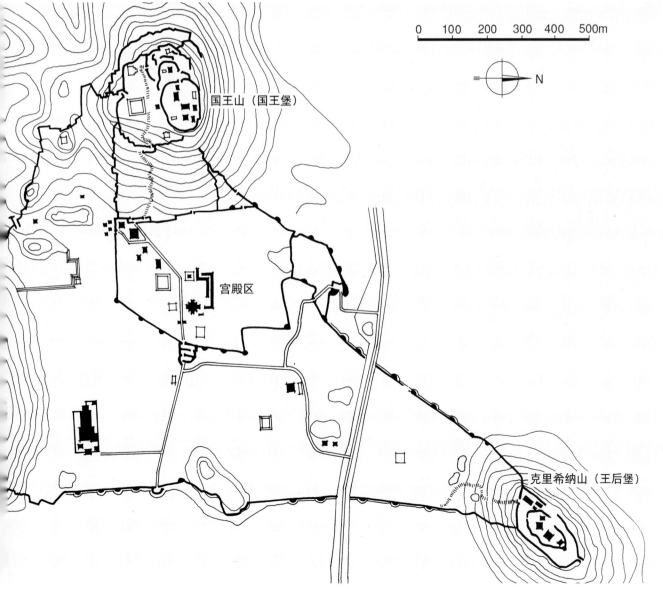

国王山（国王堡）

宫殿区

克里希纳山（王后堡）

0 100 200 300 400 500m

N

张开的托座（idaḷs）上没有按通常朱罗风格的做法雕出花瓣。同时，由于上部层位增加，下部石构部分的高度亦按比例增长，基座本身遂演变成一个较小的独立层次，配有龛室及自柱础到檐壁的全套柱式配件；安置雕像的龛室构造上也变得更为复杂（图5-249）。在特里布沃纳姆等地，同样可看到这一趋势发展的最后成果。底层有三个带龛室的凸出亭阁（称kumbhapañjaras，自身带有基部线脚）。略显拥挤的这些底层部件和相对简朴的上部主要层位形成了悦目的反衬。

之后几个世纪大型门塔的几乎所有主要特征在这里均有所表现，只是某些细部做法在后期已不再使用。上层尚有巡回廊道（立面为盲窗），下层估计有，但一直处于封闭状态。在带有平素的独石柱墩大门（dvāras）之间，为高两层的前厅（配有偏心柱墩和精心雕饰的檐壁）；上部藻井顶棚由91块带雕人物的嵌板组成。在大门两侧，四根一组精心雕的薄壁柱直至入口顶部，靠外三根由小的挑檐石分成嵌板，每块板内雕不同的舞姿。中间一对壁柱的一和第三道挑檐石之间插入带雕像的龛室。塔楼内由单一空间组成，通过砖砌叠涩挑出向上逐渐缩小东门塔层间设楼板，并有内置楼梯通向顶部。

有关门塔施主（潘迪亚国王和地方首脑）的铭没有一个早于13世纪中叶。鉴于门塔是围墙的组成

左页:

（上）图5-257京吉 城堡组群。遗址现状，自左至右分别为国王堡、卡尔亚纳门塔（白色塔楼）和一座清真寺

（下）图5-258京吉 城堡组群。国王山城堡（自入口处望去的景色）

本页:

（上）图5-259京吉 城堡组群。王后堡，远景（自国王山望去的景色）

（左中）图5-260京吉 城堡组群。王后堡，登山坡道及遗存现状

（左下）图5-261京吉 城堡组群。王后堡，御座厅，19世纪末状态（老照片，1894年）

（右中）图5-262京吉 文卡塔拉马纳神庙组群（1540~1550年）。西北侧俯视全景

图5-263京吉 文卡塔拉
纳神庙组群。主门塔（
门塔），内侧全景

分，因此在建造围墙时至少已有一座门塔，由此推断围墙应建于俱卢同伽三世时期（1178~1218年）。此时朱罗王朝的权势和所掌控的资源已无法与罗茶罗乍一世父子统治时期相比，因此工程的停顿和中断应在预料之中。细部考究、雕饰精美的西门塔无疑是最早的一座，并成为其他这类建筑的通用范本。鉴于和早期风格的诸多联系，其始建年代应在1150年之后不久。在工程质量上位居次位的东门塔可能始建于俱卢

同伽三世时期，于13世纪中叶完成，这也是南门塔始建造之时。北门塔情况比较特殊，它很可能始建13世纪，石柱是在整个建筑完成后才进行最后的修加工，雕像已属毗奢耶那伽罗王朝君主克里希纳提时期（1509~1529年，建筑内有他的雕像，他还声是建筑的施主）。

吉登伯勒姆的四座门塔，每座均有30个龛室，少数外尚存最初雕像（有的甚至还可根据当时的标

（上）图5-264京吉 文卡塔拉
纳神庙组群。内门塔，西侧
色

（下）图5-265京吉 文卡塔
马纳神庙组群。柱厅，现
（寺院亦因此得名"千柱
"）

加以鉴别），因此成为研究朱罗后期图像学的珍贵遗
存。各门塔在雕刻风格上有明显区别。

　　阿尔西凯雷的伊什神庙建于1220年，可视为达罗
毗荼风格在卡纳塔克邦的延续。建筑采用了星形平面
的祠堂、半星形的封闭前厅和星形的开敞式柱厅（图
5-250~5-255）。

　　泰米尔纳德邦著名的京吉城堡初创于1190年，朱
罗王朝时期（13世纪）进一步扩建。三座山头（西面
的国王山、北面的克里希纳山和东南侧的钱德拉扬
堡）各有分开独立的城堡，构成组群。三个山头由城
墙连接，围合区面积11平方公里，城堡墙长约13公里
（图5-256~5-261）。城市主要寺庙文卡塔拉马纳组
群已属16世纪（1540~1550年，图5-262~5-265）。

1250年左右，主要神庙建筑进入了一个高速发展时期。在印度南部，到处都建起了祠堂、廊道和柱厅，塔门不仅数量增多，高度也有所增加。在政治

上，潘迪亚王朝的霸权和曷萨拉王朝（1026~1343年）的影响时间都比较短暂。某些重要建筑（如古登伯勒姆的两座塔门）的所谓"潘地亚风格"（Pāṇdya Style

（上）图5-266毗奢耶那伽罗（"胜利之城"，亨比）维鲁帕科萨神庙（15~16世纪）。北侧远景（日落时景观）

（下）图5-268毗奢耶那伽罗 维鲁帕科萨神庙。外院东门塔及内院门塔，西北侧景色

际上只是朱罗后期风格的仿古延续。17~18世纪的
杜赖纳耶克王朝（Madurai Nāyakas，1616年其都城
往蒂鲁吉拉帕利）在当时的权力争斗中起的作用并
是很大，但他们在建筑上的成就却很突出，印度南
建筑的最后阶段即以该王朝命名。但纳耶克建筑在
大程度上是以毗奢耶那伽罗风格为基础，后者于15

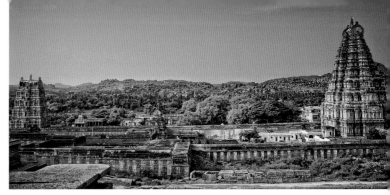

（上）图5-267毗奢耶那伽
罗 维鲁帕科萨神庙。南
侧全景（可看到三个门
塔，右侧最高的外院东门
塔高48.8米，共九层，属15
世纪上半叶，16世纪更新）

（下）图5-269毗奢耶那伽
罗 维鲁帕科萨神庙。外
院东门塔，外侧现状

和16世纪期间在泰米尔纳德邦和克尔纳塔克大部分区出现、扩展，并最终占据了统治地位。其最典型，是最容易识别的结构要素即柱厅，所有这一切，都成了印度建筑和艺术史上最引人注目的篇章之一。

右页及左页：

（右上）图5-270毗奢耶那伽罗 维鲁帕科萨神庙。外院北门塔，东南侧现状

（右下）图5-271毗奢耶那伽罗 维鲁帕科萨神庙。外院北门塔，近景

（右）图5-272毗奢耶那伽罗 维鲁帕科萨神庙。内院东门塔，西侧景色（远处为外院东门塔）

本页及左页：

（左上）图5-273毗奢耶那伽罗维鲁帕科萨神庙。小柱厅（敞厅），现状

（左下）图5-274毗奢耶那伽罗维鲁帕科萨神庙。小柱厅，廊柱细部

（右上）图5-275毗奢耶那伽罗维鲁帕科萨神庙。大柱厅（百柱厅），外景

（右下）图5-276毗奢耶那伽罗维鲁帕科萨神庙。大柱厅，内景

（中下两幅）图5-277毗奢耶那伽罗 维鲁帕科萨神庙。东门塔，浮雕细部（花岗石，外施灰泥；这类表现情色主体的浮雕在表达炽热的情感上似不及克久拉霍的作品）

毗奢耶那伽罗帝国（Vijayanagara Empire，1336~1646年）是印度历史上倒数第二个印度教政权（最后一个为马拉地帝国）。它在印度教复兴的背景下崛起，1336年布卡一世（1336~1356年在位）定毗奢耶那伽罗，帝国之名即由此而来。在王朝最出的君主——特别是克里希纳提婆（1509~1529年

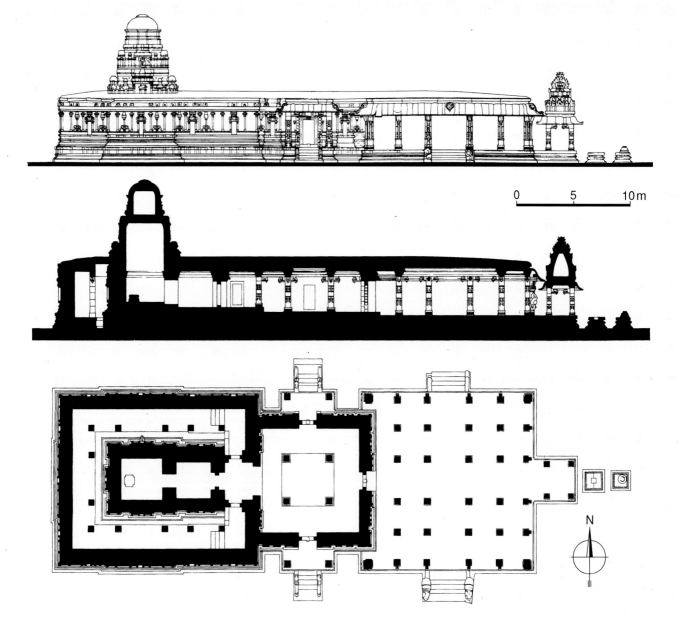

页：

5-278毗奢耶那伽罗 维
帕科萨神庙。柱础雕饰
以狮子作为柱础的造型
来自500年前马马拉普拉
的传统）

页：

上）图5-279毗奢耶那伽
黑天庙（1515/1516年）。
面、立面及剖面（取自
ICHELL G. Architecture
d Art of Southern India，
95年）

下）图5-280毗奢耶那伽罗
天庙。东南侧全景

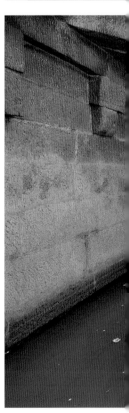

位）和厄尤特提婆（1529~1542年在位）——统治期间，这里成为印度南部最兴盛的城市。但在它存在的200年间，和北面的近邻穆斯林的巴赫曼尼苏丹国

（Muslim Bahmanī Kingdom）几乎战事不断，经常到骚扰。不过，军事形势虽有这样或那样的变化，在1565年塔利科塔战役惨败之前，毗奢耶那伽罗却

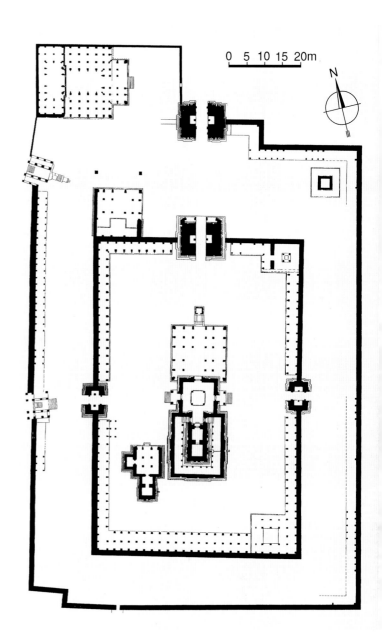

本页及左页：

（左上）图5-281毗奢耶那伽罗 黑天庙。东立面，现状

（左下）图5-282毗奢耶那伽罗 黑天庙。东北侧景色

（中上）图5-283毗奢耶那伽罗 黑天庙。雕饰细部：那罗希摩雕像
（位于小祠堂内）

（中下）图5-284毗奢耶那伽罗 黑天庙。雕饰细部：湿婆林伽

（右）图5-285毗奢耶那伽罗 阿育塔拉亚神庙（1534年）。总平面
（取自MICHELL G. Architecture and Art of Southern India，1995年）

有被穆斯林攻占，神庙也没有被破坏。

以毗奢耶那伽罗王朝命名的神庙建筑风格充分表
这一政权在宗教和文化上与印度教的深刻依附关

系。早期的达罗毗荼风格在几个世纪前就不再时兴，
取而代之的是遮娄其后期的韦萨拉风格，再往南去则
处在曷萨拉王朝的影响下。城址上保存较好的前毗奢

（上）图5-289毗奢
那伽罗 阿育塔拉
神庙。外院门塔，
侧现状

（下）图5-290毗奢
那伽罗 阿育塔拉
神庙。外院西北角
厅，俯视景色

本页：
（上）图5-293毗奢耶
那伽罗 阿育塔拉亚神
庙。内院门塔，西南
侧景观

（下）图5-294毗奢耶
那伽罗 阿育塔拉亚神
庙。内院廊道及西门
塔，自东北方向望去
的景色

（中）图5-295毗奢耶
那伽罗 阿育塔拉亚神
庙。内院廊道，内景

右页：
（上）图5-296毗奢耶
那伽罗 市场区。遗址
全景（位于阿育塔拉
亚神庙北面，前景为
神庙外院围墙及西北
角柱厅）

（下）图5-298毗奢耶
那伽罗 维塔拉神庙。
大院，自西侧望去的景
色（左为主祠背面）

耶那伽罗时期的韦萨拉风格建筑包括一座带羯陵伽
三重祠堂和一个柱厅的神庙（后者内置扭曲柱）。
过，在这里要特别说明的是，毗奢耶那伽罗风格实
上只是一种达罗毗荼风格，后者一直存在于信奉印
教的整个南部地区，除了少数不甚重要的例外，一
是都城各神庙的主导样式。

一、毗奢耶那伽罗

1336~1565年，作为帝国首都的毗奢耶那伽

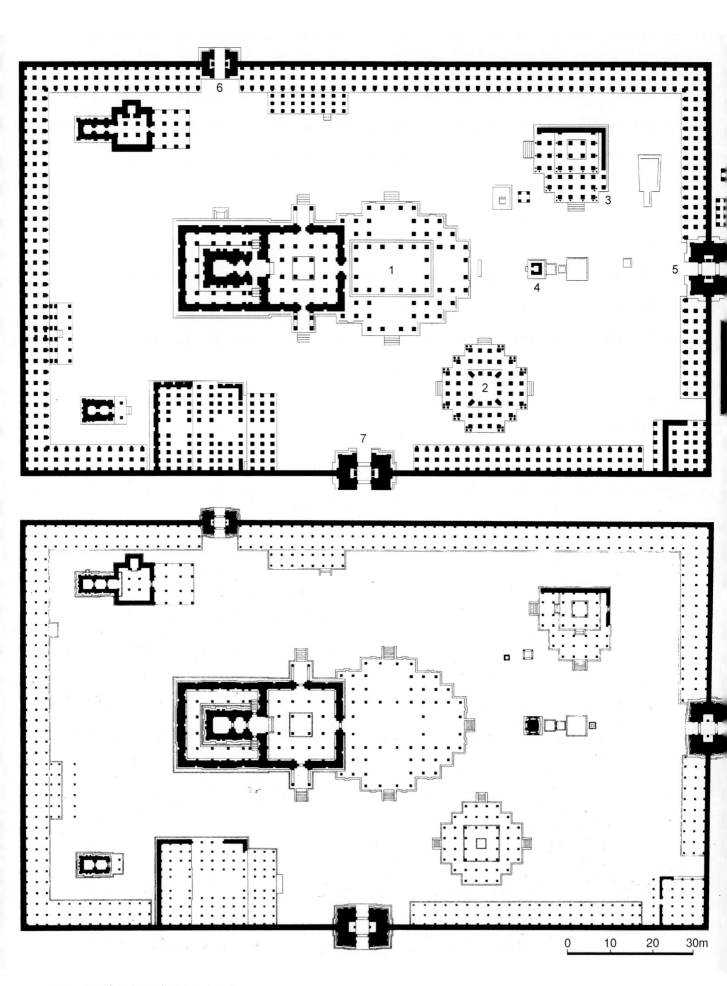

页：
5-297毗奢耶那伽罗 维塔拉神庙（16
纪初）。总平面（上图取自STIERLIN
Hindu India, From Khajuraho to the
mple City of Madurai, 1998年；下图
自MICHELL G. Architecture and Art of
uthern India, 1995年），图中：1、主祠
厅；2、卡尔亚纳柱厅；3、祭拜堂；
迦鲁达祠堂（战车）；5、东门塔；6、
门塔；7、南门塔

页：
上）图5-299毗奢耶那伽罗 维塔拉神
。大院，自西南角望去的景色（自左至
分别为大院西侧凸廊、院落北门塔、主
及顶塔、大院西南角小祠堂）
下）图5-300毗奢耶那伽罗 维塔拉神庙。
院，西北侧景观（左侧为祭拜厅，其后可
到大院东门塔；照片右侧为主祠柱厅）

意"胜利之城"）位于德干地区中部克里希纳河主支流栋格珀德拉河边，是印度最重要的历史遗址之，也是地面以上尚存大量建筑遗迹（包括许多相对整的神庙组群）的少数印度教城市之一。由于之后期荒废，现只是一个名亨比的村落所在地。

这座都城的规划特色已在第四章第四节进行了介绍。其主要朝拜中心维鲁帕科萨神庙长期以来一直被视为最重要的圣地，现为世界文化遗产亨比建筑群（Group of Monuments at Hampi）的组成部分（图5-266~5-278）。寺庙的早期历史可上溯到7世纪，在

（上）图5-301毗奢耶那伽
维塔拉神庙。主祠柱厅，
侧全景（前为战车祠堂）

（下）图5-302毗奢耶那伽
维塔拉神庙。主祠西侧（
立面），现状

下）图5-304毗奢耶
伽罗 维塔拉神庙。
祠柱厅，东入口，沿
轴线西望情景（大厅
穆斯林入侵、破坏
年久失修，已残破
堪）

奢耶那伽罗王朝定都这里之前，已有一个供奉维鲁
科萨的圣所（Sanctuary）。在城市成为毗奢耶那伽
王朝都城后，圣所很快发展成为大型建筑群，尽管

后期有所增建，但大部分建筑均属这一时期。寺庙
主体建筑属帝国第一王朝[桑伽马王朝（Sangama），
1336～1485年]盛期国王德瓦·拉亚二世（1424～1446

（上）图5-305毗奢耶那伽
维塔拉神庙。主祠柱厅，
侧东段近景

（下）图5-306毗奢耶那伽
维塔拉神庙。主祠柱厅，
侧入口近景（栏墙上饰神
亚利）

5-307毗奢耶那伽罗 维塔
神庙。主祠柱厅，内景
554年增建的柱厅采用了
进的结构技术和华丽的雕
；花岗石柱墩周围另加分
的小柱，后腿直立的神兽
利支撑着挑腿和梁架）

）时期，工程主持人为拉卡纳·丹德沙。

寺庙第二阶段的主要施主是毗奢耶那伽罗帝国图瓦王朝（Tuluva，1503~1570年）极盛时期的国王里希纳提婆（1509~1529年在位）。寺庙结构的大分装饰、中央柱厅以及通向内院的门楼据信都是这

一时期增建。16世纪穆斯林入侵，大部分精彩的建筑装饰均遭破坏，城市亦于1565年被毁。主要修复和增建始于19世纪初，包括顶棚画、北部塔楼和东门塔。

目前主庙由一个圣所（sanctum）、三个前室、一个柱厅和一个开敞柱厅组成。在神庙周围，尚有柱

列回廊、入口大门、院落及小祠堂等建筑。最大的东门塔高九层，位于石基础上，上部结构砖砌，内部纳入了部分早期结构。建筑比例良好，总高达50米。门后为安置有许多次级祠堂的外院。接下来通过一

（本页及右页上）图5-308毗奢耶那伽罗 维塔拉神庙。主祠柱厅天棚仰视

（右页下）图5-309毗奢耶那伽罗 维塔拉神庙。主祠封闭柱厅，侧入口（东南侧景观，背景为主祠顶塔）

本页：

（上）图5-310毗奢耶那伽
维塔拉神庙。祭拜堂及其
厅（位于大院东北角），
侧全景

（下）图5-311毗奢耶那伽
维塔拉神庙。祭拜堂及其
厅，东南侧全景

右页：
图5-313毗奢耶那伽罗 维
拉神庙。祭拜堂、柱厅、
柱细部

本页及右页:

(左上)图5-312毗奢耶那伽罗 维塔拉神庙。祭拜堂、柱厅、廊柱近景

(中上)图5-314毗奢耶那伽罗 维塔拉神庙。卡尔亚纳柱厅,东北侧全景

(中下)图5-315毗奢耶那伽罗 维塔拉神庙。卡尔亚纳柱厅,北立面景色(右侧背景为大院南门塔)

(左下)图5-316毗奢耶那伽罗 维塔拉神庙。卡尔亚纳柱厅,西侧现状

(右两幅)图5-317毗奢耶那伽罗 维塔拉神庙。卡尔亚纳柱厅,入口及复合立柱,近景

图5-318毗奢耶那伽罗 维塔拉
神庙。卡尔亚纳柱厅，内景

（上）图5-319毗奢耶那伽罗塔拉神庙。大院南墙西区柱厅，自东北方向望去的景色

（下）图5-320毗奢耶那伽罗塔拉神庙。东门塔与迦鲁祠堂（战车），19世纪中景况（老照片，1856年，左前景为主祠柱厅）

（中）图5-321毗奢耶那伽罗塔拉神庙。东门塔与迦鲁祠堂，现状，自西南方向去的景色

本页:
（上）图5-322毗奢耶那伽罗 维塔拉神庙。门塔，外侧景观（整前，现门洞已打开）

（下）图5-323毗奢耶那伽罗 维塔拉神庙。门塔，外侧，现状（侧远景为南门塔）

右页:
图5-324毗奢耶那伽维塔拉神庙。东门塔内侧景色

（上）图5-325毗奢耶那伽
维塔拉神庙。东门塔，仰
近景（内侧）

（下）图5-326毗奢耶那伽
维塔拉神庙。北门塔，地
形势（前景为北围墙边廊
自东南方向望去的景色）

（上）图5-327毗奢耶那伽罗塔拉神庙。北门塔，内侧景

（下）图5-328毗奢耶那伽罗塔拉神庙。南门塔，东北景色（左侧前景为卡尔亚柱厅）

本页：

（上）图5-329毗奢耶那伽
维塔拉神庙。迦鲁达祠堂（
车），西北侧现状（远处为东门塔
（下）图5-330毗奢耶那伽罗
塔拉神庙。迦鲁达祠堂，南
全景（右侧背景为祭拜堂）

右页：

（上）图5-331毗奢耶那伽罗
纳吉蒂耆那教祠庙。现状（
北侧地段景观）
（下）图5-332毗奢耶那伽罗
祠堂。在经历了穆斯林入侵
破坏之后，在亨比村附近地区
仍能找到像这样一些比较完
的小祠堂。用花岗石砌筑并
用独石柱的这些建筑，结构
得非常轻快

（上）图5-333毗奢耶那伽
"地下"神庙。西侧，地
形势

（中）图5-334毗奢耶那伽
"地下"神庙。门楼，现

（下两幅）图5-335毗奢耶
伽罗 "地下"神庙。内景

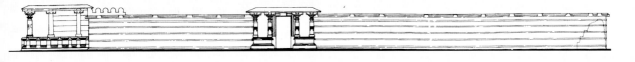

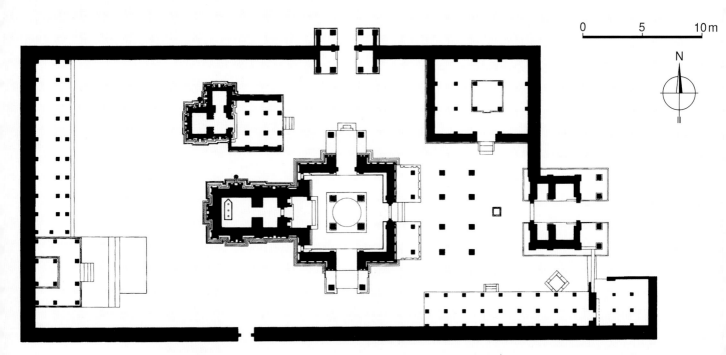

（上）图5-336毗奢耶那伽
赫泽勒-罗摩神庙（15世
）。平面及外墙立面（取自
CHELL G. Architecture
d Art of Southern India，
5年）

（中）图5-337毗奢耶那伽
赫泽勒-罗摩神庙。建筑
东北侧全景

（下）图5-338毗奢耶那伽
赫泽勒-罗摩神庙。建筑
北侧现状

个较小的东门进入拥有众多较小祠堂的内院（inner court）。另一个朝北的门塔（卡纳克吉里门）通向一个带次级祠堂的小院并最后通向高贤河（栋格珀德拉河）。

位于维鲁帕科萨神庙南面约一公里处的黑天庙，

页：
上）图5-339毗奢耶那伽罗泽勒-罗摩神庙。主祠，西侧景色（左侧为安曼祠堂）

下）图5-340毗奢耶那伽罗泽勒-罗摩神庙。主祠，东侧景观（左为主祠柱厅北门，右为安曼祠堂的柱厅和北塔的侧墙）

页：
（上）图5-341毗奢耶那伽罗泽勒-罗摩神庙。主祠，西南近景（右侧为柱厅南门廊，处可看到南侧围墙的柱廊）

下）图5-342毗奢耶那伽罗泽勒-罗摩神庙。主祠，面的开敞式柱廊（东南侧色）

（上）图5-343毗奢耶那伽罗泽勒-罗摩神庙。安曼祠堂立于主祠西北部），近景

（上）图5-344毗奢耶那伽
赫泽勒-罗摩神庙。北围墙
侧浮雕（表现节日期间的游
队列）

（下）图5-345毗奢耶那伽
"王区"（王室中心）。象
（15~16世纪），西侧外景

（中）图5-346毗奢耶那伽
"王区"。象舍，西南侧现状

（左上）图5-347毗奢耶那伽罗"王区"。象舍，顶部柱亭（为大象出发参加王室仪式的乐师奏乐处），残迹现状

（左下）图5-348毗奢耶那伽罗"王区"。象舍，室内穹顶仰视

（右下）图5-349毗奢耶那伽罗后宫区。莲花阁（16世纪初），地段全景（为供王女眷居住的后宫区内最雅致的一栋独立楼阁）

本页:

（上）图5-350毗奢耶那伽罗
宫区。莲花阁，西北侧景色

（下）图5-351毗奢耶那伽罗
宫区。莲花阁，正面（西
面）现状

对页：

（上）图5-352毗奢耶那伽罗
宫区。莲花阁，背面景观

（下）图5-353毗奢耶那伽罗
宫区。莲花阁，门廊近景

本页及右页：

（左）图5-354毗奢耶那伽罗 后宫区。莲花阁，拱廊细部

（中上）图5-355毗奢耶那伽罗 后宫区。莲花阁，灰泥装饰细部（线条图，取自MICHELL G. Architecture and Art of Southern India，1995年）

（中中）图5-356毗奢耶那伽罗 黑天庙。亭阁，现状（为一座通向庙前水池的开敞式建筑）

（右上）图5-357毗奢耶那伽罗 "王区"（王室中心）。百柱厅（14世纪），平面（取自MICHELL G. Architecture and Art of Southern India，1995年）

（中下）图5-358毗奢耶那伽罗 克德莱克卢-迦内沙神庙（可能为14世纪）。南侧现状

（右下）图5-359毗奢耶那伽罗 克德莱克卢-迦内沙神庙。东南侧景观

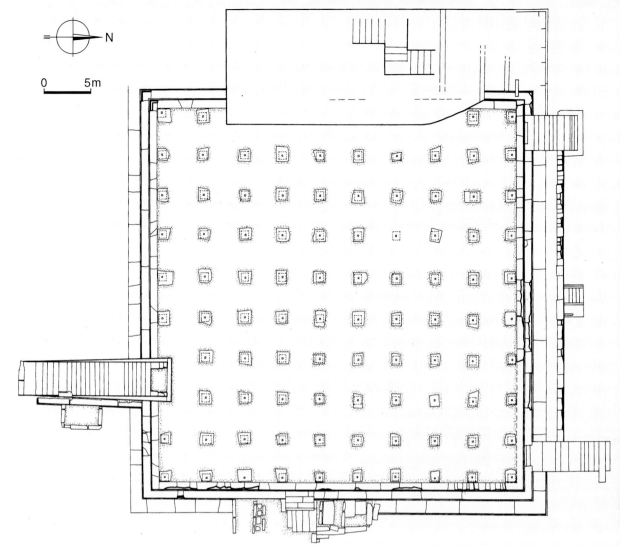

本页:

（上）图5-360斯里维利普
尔 安达尔神庙。门塔，现状

（左下）图5-361斯里维利
图尔 安达尔神庙。门塔，
部结构近景

（右下）图5-362拉梅斯沃
姆 拉马纳塔寺庙组群。
柱廊（17世纪），20世纪
景色（老照片，1913年）

右页:

图5-363拉梅斯沃勒姆 拉
纳塔寺庙组群。千柱廊，现

建于1515/1516年（图5-279~5-284）。入口同样朝
东，有内外两道围墙和两座门塔，在已部分残毁的神
庙前布置了一条很长的市场街道。主祠通过一个封闭
柱厅和更大的开敞柱厅相连，祠堂里原有的孩提时代
的黑天（Balakrishna）像现已移送博物馆收藏。南面
两个祠堂内，分别安放了城市里最大的独石湿婆林伽

和作为毗湿奴化身之一、半人半狮的那罗希摩雕像
　　作为圣区的第三个重要组群，靠近圣区南侧建
1534年的阿育塔拉亚神庙及其市场位于维鲁帕科萨
庙东侧约1公里处（图5-285~5-296）。供奉毗湿奴
这座神庙主入口朝北，表现不同寻常。第一道门塔
向一个西北角立有百柱厅的院落，接下来是通向内

（上）图5-364拉梅斯沃勒
拉马纳塔寺庙组群。千
廊，柱列近景

（下）图5-365斯里卡拉哈
蒂（安得拉邦）寺庙建
群。俯视全景

毗湿奴神庙的第二道门塔。神庙及市场街道虽仅存墟，但整体布局仍清晰可见。

位于维鲁帕科萨神庙东北约1.8公里处的维塔拉庙及其市场构成了圣区的第四个主要组群（总平：图5-297；大院景色：图5-298~5-300；主祠与柱厅：5-301~5-319；门塔与迦鲁达祠堂：图5-320~5-330）。宇本身艺术上相当成熟，只是其建造的准确年代和主还没能最后搞清楚，大多数学者认为它建于16世

纪初至中叶。鉴于铭文中列举了许多人名（有男也有女），因此其赞助人可能来自各个方面。矩形大院围括面积约1.3公顷，围墙内设双廊道。主门塔朝东，另于南北两侧各设次级门塔一座。主祠、前厅、柱厅及呈战车形式的迦鲁达祠堂均位于东西主轴线上（战车祠堂上原有塔楼，19世纪后期复原时移除）。战车西侧大柱厅用作集会和音乐舞蹈活动，内部由柱子分为四个空间，两个与主祠对齐，两个位于侧面。柱厅

本页及左页：

（左上）图5-367蒂鲁文纳默莱 阿鲁纳切拉神庙（16世纪初）。卫星图

（左中）图5-368蒂鲁文纳默莱 阿鲁纳切拉神庙。俯视全景（自维鲁帕科萨石窟处望去的景色）

（中上）图5-369蒂鲁文纳默莱 阿鲁纳切拉神庙。俯视全景（自西北方向红山上望去的景色，可看到相套的三个院落和九座门塔；外院于各面中央设门塔，内部两院偏西布置，中院南北门塔与外院门塔对齐，内院仅东面设门塔）

（左下）图5-370蒂鲁文纳默莱 阿鲁纳切拉神庙。俯视景色（自外院东门塔上向西望去的景色，左下为外院水池，正前方为中院东门塔，两侧为外院南北门塔）

（右下）图5-371蒂鲁文纳默莱 阿鲁纳切拉神庙。外院景色（图示东门塔内场院）

（中下）图5-372蒂鲁文纳默莱 阿鲁纳切拉神庙。外院景色（自外院东南池向西北方向望去的情景；图中央高耸的是外院北门塔，左侧依次为位于东西轴线上的中院及内院东门塔，背景为红山）

后为一封闭厅堂和可供人们绕行的内祠。院内除其他次级祠堂外，东南角还有一个带天窗顶楼的厨房。神庙组群东门塔外，原有一条长约一公里、偏向东南方向的柱廊街道，当年作为市场使用的这条街道现仅留残迹。

除圣区的这四个主要组群外，市内还有若干耆那教祠庙（图5-331）、小的独立祠堂（图5-332）及一座形制独特、供奉湿婆的"地下"神庙（位于王室围

（左上）图5-373蒂鲁文纳默莱 阿鲁纳切拉神庙。中
景色（向东北方向望去的情景；前景为位于院落东南
的水池、院墙及东门塔，远处可看到外院的东门塔）

（左下）图5-374蒂鲁文纳默莱 阿鲁纳切拉神庙。中
景色（自中院东南角水池处向西南方向望去的景色，
景分别为中院及外院的南门塔）

（右上）图5-375蒂鲁文纳默莱 阿鲁纳切拉神庙。内
景色（向东南方向望去的景色；前景为朝向院落东门
的开敞廊厅，右侧远处可看到中院南门塔）

（右下）图5-376蒂鲁文纳默莱 阿鲁纳切拉神庙。外
东门塔，外侧景观

（上）图5-377蒂鲁文纳默莱鲁纳切拉神庙。外院东门内侧现状

（下）图5-378蒂鲁文纳默莱鲁纳切拉神庙。外院东门近景

（上）图5-379蒂鲁文
默莱 阿鲁纳切拉神庙
外院西门塔, 西南侧
观(后为中院西门塔)

（下）图5-380蒂鲁
纳默莱 阿鲁纳切拉
庙。外院北门塔, 近

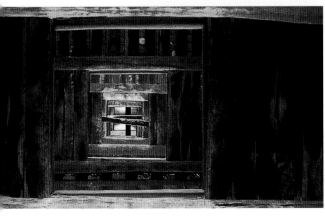

地西面，图5-333~5-335）。

　　在王区，主要王室祠庙（赫泽勒-罗摩神庙）系供奉史诗《罗摩衍那》（*Ramayana*）中的主人公罗摩（作为宇宙法则的维护者和繁荣的保证人，国王经常以罗摩自许）。由于它位于王区中部轴线大道上，也就构成了整个城市的中心，在城市设计上具有一定的地位（图5-336~5-344）。

　　一个值得注意——尽管有些出乎人们意料——的表现是，城市内的许多世俗建筑都具有印度-穆斯林风格的特色，如位于王后区东侧的象舍，在每个舍房上都安置了穹顶（图5-345~5-348），而位于后宫区的莲花阁（图5-349~5-355）则配有多叶形拱券（cusped arches）和托架式挑腿（bracketed chhajjās），甚至在一道城墙上，还出现了穹顶城门。黑天庙通向庙前水池的开敞式入口亭阁，更是少有的

综合了各种形式的混合体（图5-356）：柱墩是典的毗奢耶那伽罗样式，但双曲线的滴水檐板被直线挑檐取代，上面则是羯陵伽祠堂的砖构复制品，三形凸出部分呈多叶形拱券的形式，排成一列，形成续栏墙（hāra）。灰泥装饰用得非常普遍。但在采地方传统的印度建筑和伊斯兰教建筑之间，却存在

本页及右页：
（左、中上及右两幅）
5-384斯里伦格姆岛 杰姆
凯斯沃拉神庙（17世纪
各门塔，现状

（中下）图5-385斯里伦
姆岛 杰姆布凯斯沃拉
庙。廊院，残迹景色

本页及右页：

（左及右上）图5-386斯里伦格姆岛 杰姆布凯斯沃拉神庙。廊厅内景及柱式构造（采用双柱体系，较粗的柱子直接承楣梁，较细的柱

上雕狮像并承挑腿）

（右下）图5-387斯里伦格姆岛 杰姆布凯斯沃拉神庙。柱墩近景

的差异，后者的灰泥装饰可达两三层高，而在这一期的世俗建筑中，一般仅存有基础。砖石砌筑的神高度可达60米，但世俗建筑除基础外，均由不耐久材料建造，由此导致了建筑技术上的差异。

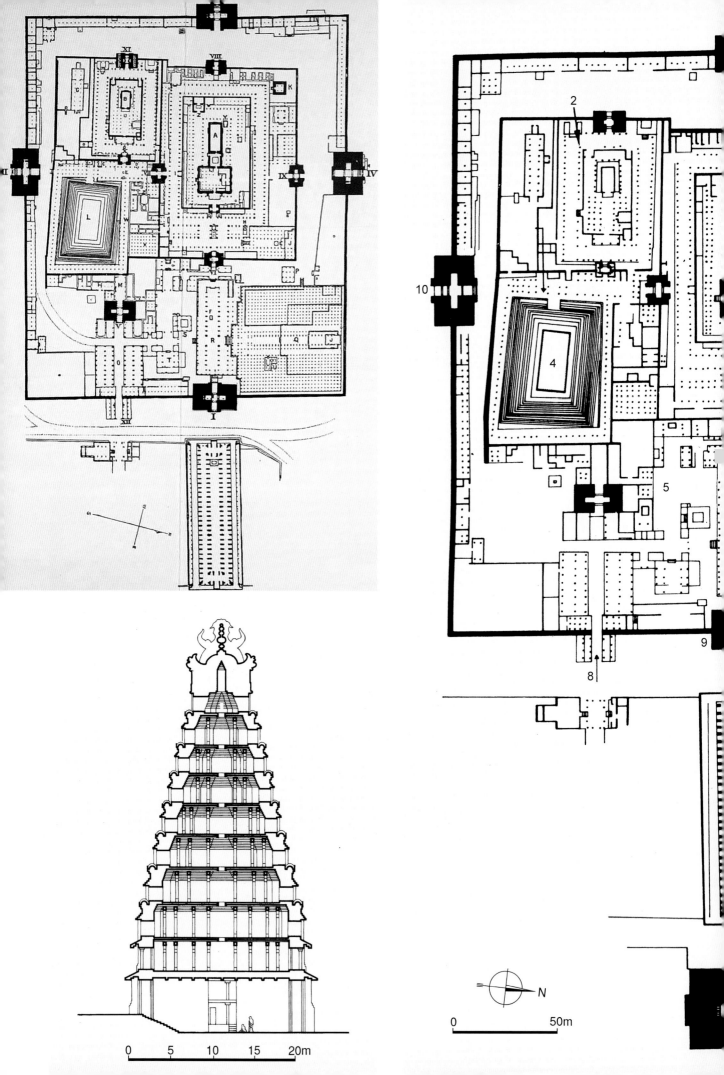

0   5   10   15   20m

0   50m

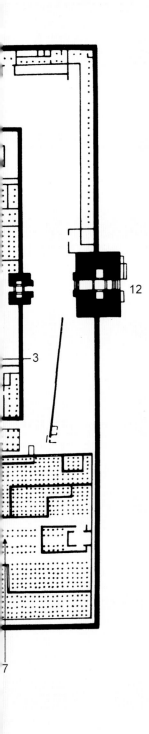

本页及左页：

（左上）图5-388马杜赖 大庙（湿婆及米纳克希神庙，始建于8世纪，12~17世纪扩建）。总平面
（图版，取自《A Handbook for Travellers in India，Burma，and Ceylon》，1911年；建筑群占地6公
顷，11座门塔通向迷宫般的大小院落、廊道及柱厅，内部空间最大的千柱厅面积达5000平方米，
四座外塔门高度均逾50米）

（中）图5-389马杜赖 大庙。总平面（取自MICHELL G. Architecture and Art of Southern India，1995
年），图中：1、湿婆祠堂；2、米纳克希祠堂；3、肯比塔里柱厅；4、金百合池（圣池）；5、卡尔
扬柱厅；6、维拉沃桑塔拉亚柱厅；7、千柱厅；8、八女神门廊；9、东门塔；10、南门塔；11、
西门塔；12、北门塔；13、普杜柱厅；14、未完成的门塔

（左下）图5-390马杜赖 大庙。南门塔，剖面（1∶500，取自STIERLIN H. Comprendre l' Architec-
ture Universelle，II，1977年）

（右上）图5-391马杜赖 大庙。模型（右侧为东）

（右下）图5-392马杜赖 大庙。西侧全景（自西向东望去的景色，中间为西门塔，左右两侧分别
为南门塔及北门塔）

本页及右页：

（左两幅）图5-393马杜赖 大庙。东南区俯视（自南门塔向东北方向望去的景色，远处为东门塔，近处为圣池侧的门塔）

（右上）图5-394马杜赖 大庙。西侧各塔（自南门塔向北方向望去的景色）

（右下）图5-395马杜赖 大庙。西区门塔景色（自圣池南角向西北方向望去的景色，自左至右分别为米纳克祠堂院落的东门塔、大院西门塔、湿婆院的西门塔和门塔）

柱厅是毗奢耶那伽罗风格最典型的结构要素（图5-357），显然，其产生与塔门一样，主要是由于神庙扩展后的需求（宗教仪式和活动的增加要求进一步扩大祭拜空间，容纳更多的朝拜者）。柱子和柱墩的形式构成这种风格的独具亮点，在柱厅檐口上采用德干地区那种大型反曲线滴水檐板则是它的另一个主要特色。

在柱础线脚以上，毗奢耶那伽罗式柱子的柱身由方形和多边形（通常是八角形和更复杂的形式）截面

本页及左页：
（左上）图5-396马杜赖 大庙。南门塔，内侧景色（为各门塔中最高的一座，外廓呈内凹曲线，表面布满色彩艳丽的灰泥装饰）
（右下）图5-397马杜赖 大庙。南门塔，外侧，仰视近景
（左下）图5-398马杜赖 大庙。西门塔，现状
（右上）图5-399马杜赖 大庙。东门塔，外侧，仰视景色

本页：

（上下两幅）图5-400马杜赖
大庙。东门塔，顶部近景及
雕饰细部

右页：

图5-401马杜赖 大庙。门
山墙面雕饰（顶上的怪兽
像起保护神庙的作用，下
一组作祈祷状的圣人围着
征神祇的狮头面具；下方
个巨大的守门天站在湿婆
南迪白牛身上，在他们
间，通向微缩祠堂的入口
另有两个守卫）

交替组成；每个方形截面的下部，于角上悬垂饰；顶上起尖头饰（nāgapadams，如位于维鲁帕科萨神庙和黑天庙之间山头上的克德莱克卢-迦内沙神庙，图5-358、5-359）；中间通常为低浮雕的物神像、舞女等。类似柱头的枕梁端头带有自15世纪以降达罗毗风格喜用的垂花饰（puṣpabodigai，见图5-187之45）。柱子的形式实际上是来自帕拉瓦的石窟寺，通过增加每个方形截面区段的高度（高度和底边边

（上页：
上）图5-402马杜赖
。祠堂上的金顶

）图5-403马杜赖 大
圣池（金百合池），
东南角望去的景色（背
左侧为米纳克希祠堂院
的西门塔，其他各塔参
图5-395说明）

上）图5-404马杜赖
圣池，周边廊道，
景

页：
）图5-405马杜赖 大
圣池，自廊道向东北
望去的景色（对景是
八女神门廊的门塔，
院的东门塔位于远处，
藏在树后）

）图5-406马杜赖 大
小廊厅，南侧外景，
（东侧）为千柱厅

本页：

（上）图5-407马杜赖庙。大廊厅，内景（花岗独石柱墩雕石兽，上承挑并施鲜丽的彩绘）

（下）图5-408马杜赖庙。千柱厅，内景

右页：

图5-409马杜赖 大庙。千厅，柱列近景

（上三幅）图5-410马杜赖
大庙。千柱厅，柱子细部

（下）图5-411马杜赖大
庙。米纳克希祠堂，壁画

（中）图5-412马杜赖大庙
达拉拉加尔庙（17世纪中
叶）。俯视全景

之比不超过三），使整个柱子显得更为高挑雅致。

　　这种独石柱墩有时可制作得极为复杂，本身成为
小的结构部件，带有精致的柱础、檐口、檐壁，有时
甚至有顶部栏墙（hāra，见图5-450）。有的由两根
或更多小柱形成组群，其平面通常为矩形，主要雕刻
群组表现骑在神兽或马上的武士，神兽或马后腿直立
向前作跃进状。下部雕饰华丽的基座向前挑出，马前
蹄下及侧面安放武士及其他人物雕像。反曲线托架上

（上）图5-413马杜赖 库达拉加尔庙。门塔，现状

（下）图5-414马杜赖 库达拉加尔庙。主塔，近景

（上）图5-415马杜赖 $\square$
拉拉加尔庙。主塔，细 $\square$

（下）图5-416马杜赖 $\square$
拉拉加尔庙。主塔，顶 $\square$

（上）图5-417马杜赖 阿拉
科伊尔庙。外景（为一供
北湿奴的祠庙）

（中）图5-418马杜赖 阿拉
科伊尔庙。门塔现状

（下）图5-419马杜赖 阿拉
科伊尔庙。柱厅内景

有时布置另一组取人物或动物形象的支座。尽管这种
精细复杂的雕刻有些类似同时期古吉拉特邦和拉贾斯
坦邦柱厅那种满覆所有表面的雕饰（这种表现被称为
"空白恐惧症"，horror vacui）；但不可否认，巨大
的动物及几乎足尺大小的人物雕像不仅提供了令人耳
目一新的尺度对比，同时也为欠缺生气的印度后期建
筑及雕刻注入了新的活力。

在这座都城，人们可以欣赏到毗奢耶那伽罗风格
的各种表现，尽管大部分内祠和塔门的准确建造日期
尚无法判定，但所有的达罗毗荼结构都属城市存续的

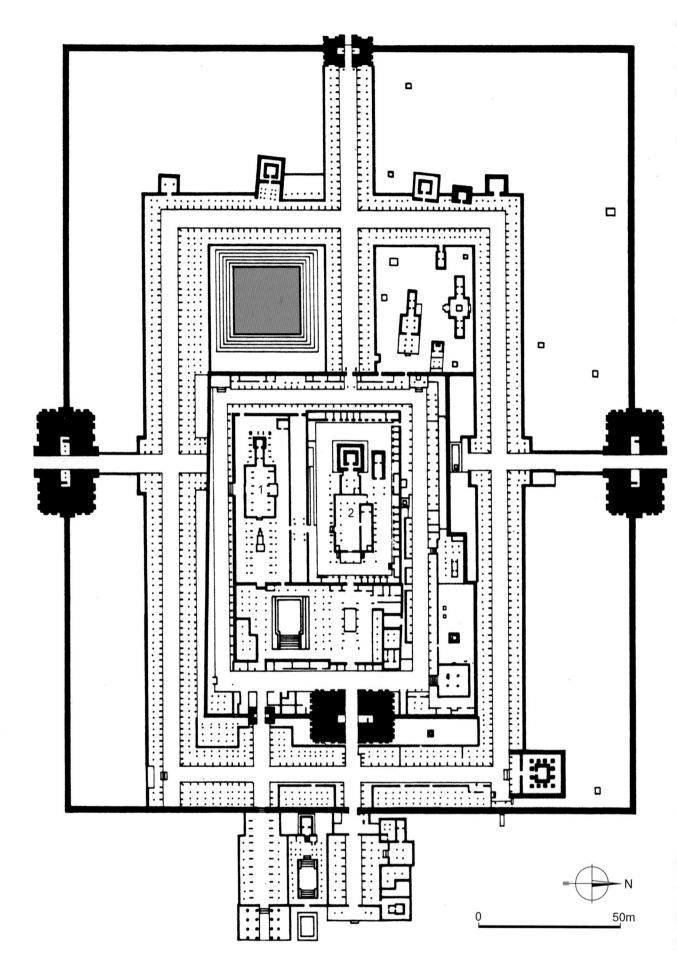

页：

-420拉梅斯沃勒姆
马纳塔组群（主体
纪）。总平面（取自
CHELL G. Architec-
and Art of Southern
ia, 1995年），图中：
帕尔瓦蒂祠堂；2、
摩林伽祠堂

页：
）图5-421拉梅斯沃
姆 拉马纳塔组群。西
则俯视景色（近景为
门塔,远景为东门塔）

）图5-422拉梅斯沃
姆 拉马纳塔组群。东
塔，现状

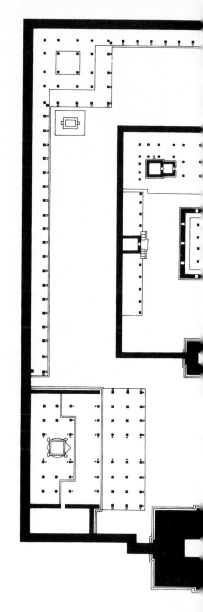

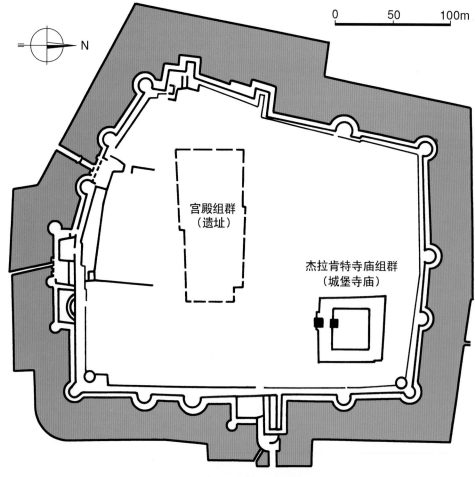

0   50   100m

N

宫殿组群
（遗址）

杰拉肯特寺庙组群
（城堡寺庙）

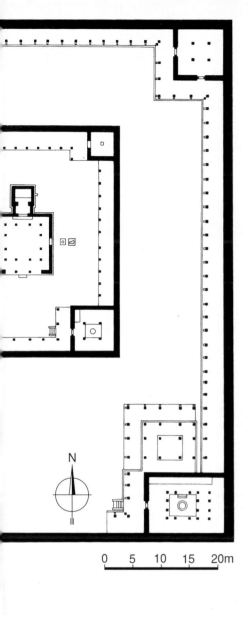

0 5 10 15 20m

本页及左页：

（左上）图5-423拉梅斯沃勒姆 拉马纳塔组群。西门塔，西南侧景色

（左下）图5-424韦洛尔 古城。总平面（取自MICHELL G. Architecture and Art of Southern India，1995年），城墙形成不规则的矩形，南北长度逾400米；城墙外设壕沟，东面有堤道与外界相通（南面与西面堤道于18世纪被拆除）；城内宫殿部分仅存遗址

（中上）图5-425韦洛尔 杰拉肯特寺庙组群（城堡寺庙，16世纪）。总平面（取自MICHELL G. Architecture and Art of Southern India，1995年）

（中下）图5-426韦洛尔 杰拉肯特寺庙组群。东南侧外景

（右）图5-427韦洛尔 杰拉肯特寺庙组群。主门塔，东南侧景观

（左页：

（上）图5-428韦洛尔 杰拉
特寺庙组群。主门塔，立
面近景

（上下）图5-429韦洛尔 杰
拉肯特寺庙组群。内院门塔

（左下）图5-430韦洛尔 杰
拉肯特寺庙组群。柱厅，入
口雕刻（后腿直立的战马与
武士）

右页：

（上下两幅）图5-431韦洛尔
杰拉肯特寺庙组群。柱厅，
景

（上）图5-432韦洛尔 杰
肯特寺庙组群。柱厅，顶
石雕

（下两幅）图5-433斯里伦
姆岛（蒂鲁吉拉帕利）
加纳特寺庙。总平面（
版，取自FERGUSSON J，
BURGESS J，SPIERS R
History of Indian Archite
ture，1910年）及卫星图
总平面图中：1、四院南
楼；2、四院东门楼；3
四院北门楼；4、二院北
楼；5、圆形祠堂；6、迦
达柱厅；7、千柱厅；8、
柱厅；9、克里希纳祠堂
10、象厩；11、谷仓

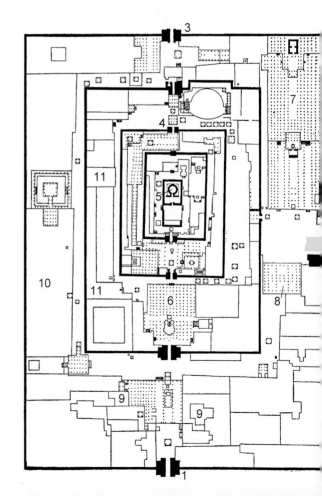

（上下两幅）图5-434
斯里伦格姆岛 伦加纳
特寺庙。总平面示意
及1~4号院平面（取自
HARLE J C. The Art and
Architecture of the Indian
Subcontinent，1994年）

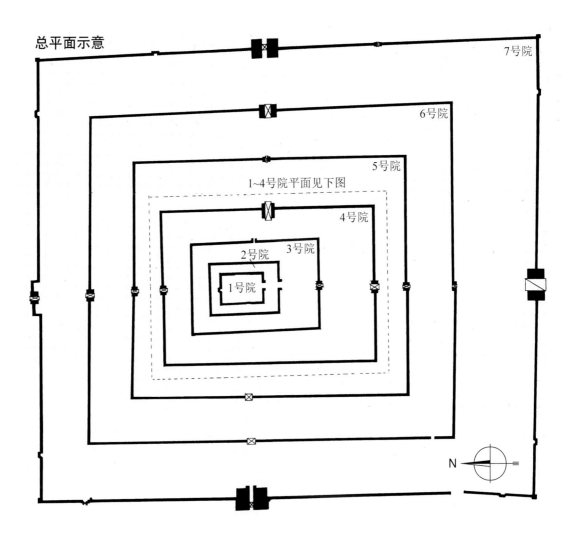

总平面示意

7号院

6号院

5号院

1~4号院平面见下图

4号院

3号院

2号院

1号院

N

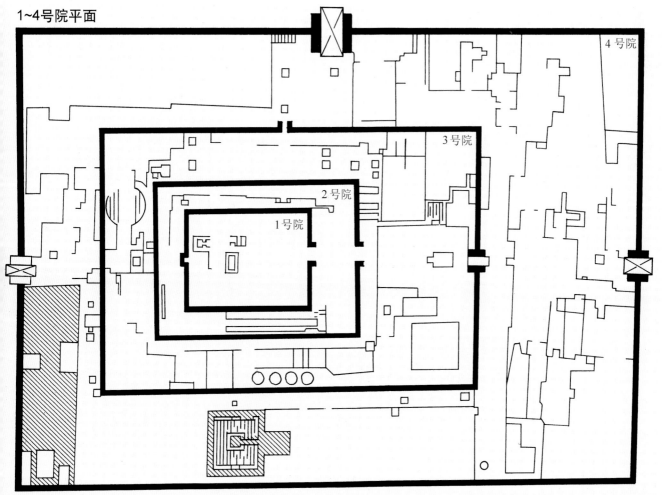

1~4号院平面

4号院

3号院

2号院

1号院

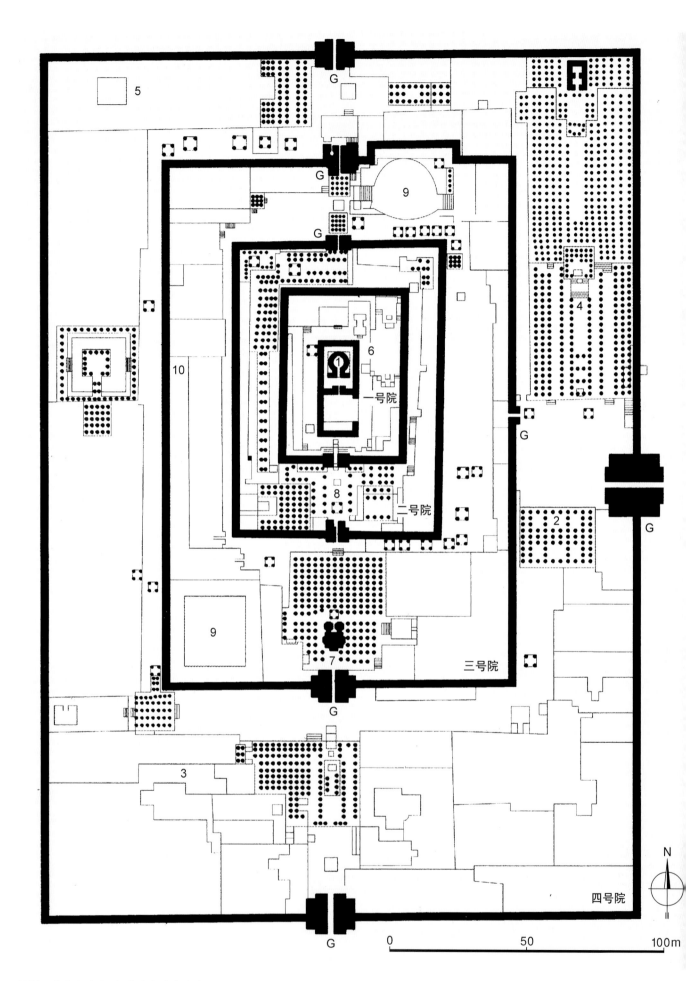

G

5

G

G

9

10

6

Ω

1

一号院

8

二号院

2

G

G

9

三号院

7

3

4

N

四号院

0   50   100m

G

这段时期内当无疑问。达罗毗荼风格可说极为保守，
而毗奢耶那伽罗风格的贡献则在于弱化了朱罗后期风
格的表现并在细部上有所变化。墙面上仅有少量的分
划或完全平素；但基部线脚有所增加。龛室如纳耶克
时期那样，较窄但并不过分，同时保留了顶上的微缩
亭阁造型。罐式线脚、滴水挑檐和半圆线脚由于加了

本页及右页：

（左上）图5-438斯里伦格姆岛 伦加纳特寺庙。门塔组群，现状

（左下）图5-439斯里伦格姆岛 伦加纳特寺庙。3号院南塔，西南侧景色，远处可看到作为寺院核心的金顶

（右上）图5-440斯里伦格姆岛 伦加纳特寺庙。4号院东塔，东南侧景观

（右下）图5-441斯里伦格姆岛 伦加纳特寺庙。4号院东塔，下部近景（基层石砌，上部砖构抹灰，可能为后期添加）

肋线更趋华丽，墙面上重复采用雕刻场景更在泰米尔纳德邦朱罗后期的建筑里已见端倪。齿饰的过度运用使整体外观显得不够精致，而位于半圆形线脚下方巨大的双曲线莲花饰带，则作为朱罗早期的重要创造，一直延续下来，未加改动。

二、其他遗址

在印度南部地区，大型神庙组群的增建和扩建工

作在朱罗后期已开始进行，一直延续到18世纪末[未]间断。几乎所有建筑群都建了毗奢耶那伽罗风格[的]柱厅或塔门。塔门越来越高，并按规章每座均配[置增]加的围墙。毗奢耶那伽罗时期高九层的塔门已很[普]遍，到17~18世纪早期，有的甚至达到11层之多，[如]斯里维利普图尔的安达尔神庙（图5-360、5-361）[。]这些塔式建筑的上部结构往往具有明显的内凹曲线[，]顶部以筒拱顶作为结束；其支提拱券端头冠以目[前]的"天福之面"，令立面两端形成角状廊线。上层[往]往如马杜赖大庙的南塔门那样，挤满了灰泥制作[的]神祇、圣人和智者的形象；在近代修复的一些塔[门]上，很多还涂以艳丽的色彩。在17~18世纪马杜赖[那]耶克王朝（Nāyakas of Madurai，1529~1616年都[在]马杜赖，1616年迁都至蒂鲁吉拉帕利）统治时期[，]增建了一些堪称建筑杰作的柱列廊道，如马杜赖[的]普杜柱厅或拉梅斯沃勒姆的千柱廊（属拉马纳塔[神]庙组群，图5-362~5-364），其内安置有国王及施主[、]手合十的立像。在毗奢耶那伽罗时期数量越来越多[的]浮雕，此时已发展成圆雕，通常还伴有家族成员的[塑]像。后腿直立的神兽或马大多被物神取代（除支座[大]多为圆雕）。主要滴水檐板下的梁端本为德干建筑

本页：

（上）图5-442斯里伦格姆
伦加纳特寺庙。4号院东
上部近景（外侧）

（上）图5-443斯里伦格姆
伦加纳特寺庙。4号院南
现状全景

（下）图5-444斯里伦格姆
伦加纳特寺庙。4号院南
近景

次页：

（上）图5-445斯里伦格姆
伦加纳特寺庙。5号院南
现状

（上）图5-446斯里伦格姆
伦加纳特寺庙。6号院南
现状

（）图5-447斯里伦格姆岛
加纳特寺庙。7号院（外
，南塔全景

（上图）图5-448斯里伦格姆岛 伦加纳特寺庙。7

□，南塔近景

（）图5-449斯里伦格姆岛 伦加纳特

寺庙。天棚画（18世纪初）

（）图5-450斯里伦格姆岛 伦加纳特

寺庙。马柱厅（16世纪后期），廊柱近景

（上）图5-452斯里伦格姆
伦加纳特寺庙。千柱厅，
南侧现状（入口位于南侧

（下）图5-453斯里伦格姆
伦加纳特寺庙。千柱厅，
廊景观（左侧为第三院落东

（中）图5-454斯里伦格姆
伦加纳特寺庙。千柱厅，内

特色之一，而遍布于线脚、微缩亭阁乃至支提拱山
墙（kūḍus）之间的小型人物雕像则是毗奢耶那伽罗
做法的延续。在坦贾武尔，布里哈德什沃拉寺庙内
祠边精致优雅的苏布勒默尼亚祠堂（约1750年，见图
5-174）更以最纯净的形式诠释了达罗毗荼风格，并
成为其漫长发展历程的终极杰作；按詹姆斯·C.哈尔
的说法，如果不算文艺复兴的话，这一连续演进过程
在时间跨度上甚至要长于西方的古典建筑。

-455斯里伦格姆岛 伦加
寺寺庙。千柱厅，柱子及
饰细部

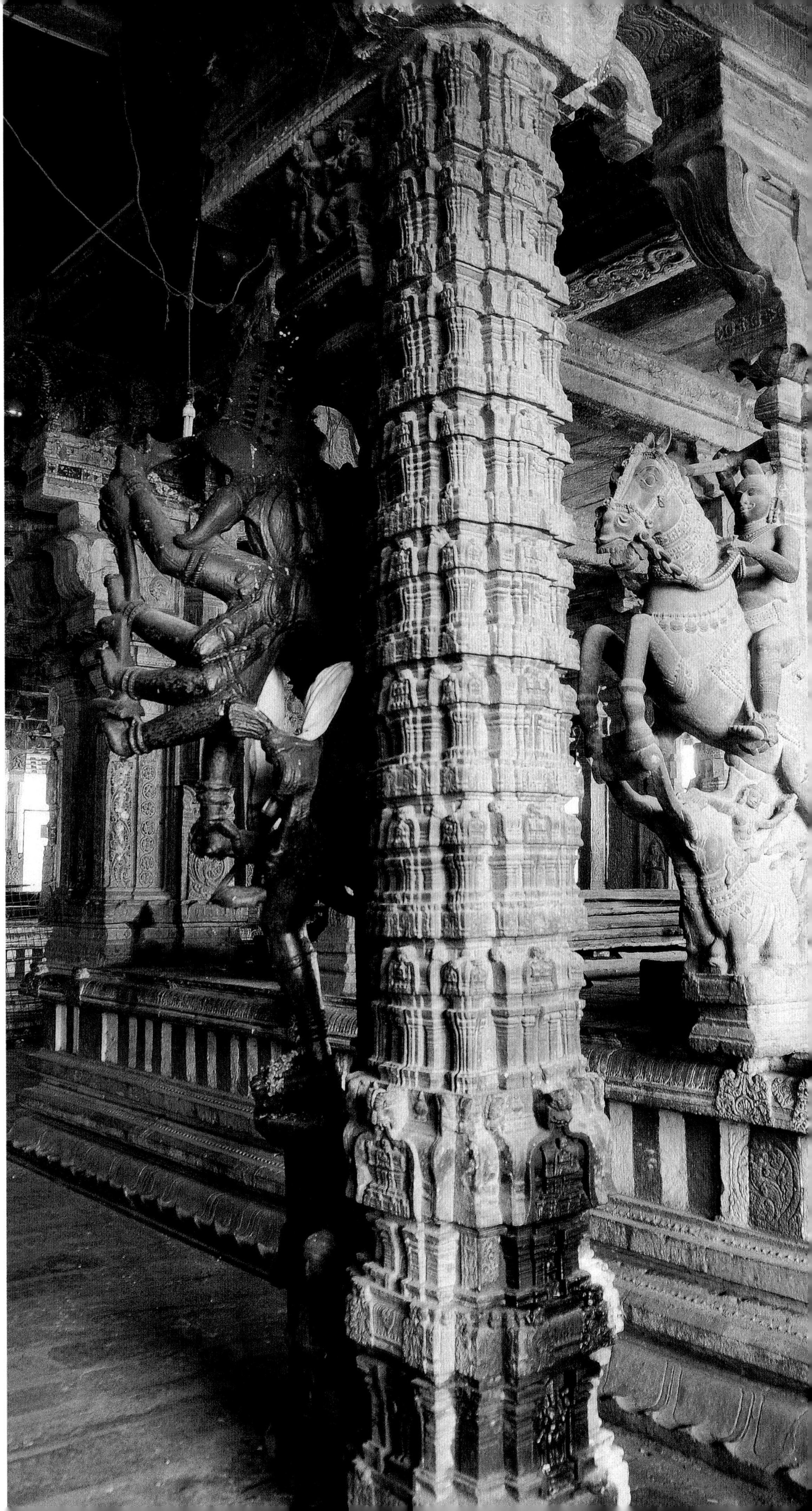

　　印度南方这些大型神庙分别位于蒂鲁珀蒂（现
安得拉邦，斯里尼沃瑟佩鲁马尔神庙）、斯里卡拉
哈斯蒂（安得拉邦，寺庙建筑群，为印度南部最著
名的湿婆寺庙之一，主门塔建于1516年，图5-365、
5-366）、建志（两座庙）、蒂鲁文纳默莱（阿鲁纳

上）图5-456斯里伦格姆岛 伦加纳特寺庙。迦鲁达柱厅（17世
，内景（柱厅对着3号院南门塔，柱子配有附加的小柱，上置
退支撑屋顶）

上）图5-457斯里伦格姆岛 伦加纳特寺庙。迦鲁达柱厅，祠堂
景色

下）图5-458斯里伦格姆岛 伦加纳特寺庙。迦鲁达柱厅，中央
道边侧的施主、纳耶克王朝统治者雕像（17~18世纪）

下）图5-459斯里伦格姆岛 伦加纳特寺庙。克里希纳韦努戈珀
祠堂（可能为16世纪或17世纪早期），近景

页：

下三幅）图5-460斯里伦格姆岛 伦加纳特寺庙。克里希纳韦努
泊勒祠堂，女性题材的雕饰细部

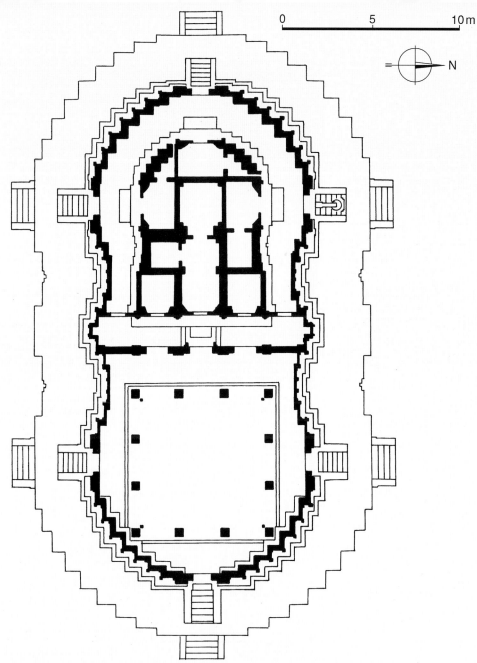

本页：

（上）图5-461斯灵盖里（卡纳塔

克邦） 维迪亚申卡拉神庙（1

纪）。平面（取自MICHELL G.

chitecture and Art of Southern Ind

1995年）

（下）图5-462斯灵盖里 维迪亚

卡拉神庙。东南侧景观

右页：

（上）图5-463斯灵盖里 维迪亚

卡拉神庙。东侧，入口现状

（下）图5-464斯灵盖里 维迪亚

卡拉神庙。东北侧全景

切拉神庙,卫星图及俯视景色:图5-367~5-370;院落场景:图5-371~5-375;门塔:图5-376~5-382)、蒂鲁瓦鲁尔(位于坦贾武尔县)、蒂鲁吉拉帕利(伦加纳特寺庙和杰姆布凯斯沃拉神庙,两者均位于科弗里河斯里伦格姆岛上;杰姆布凯斯沃拉神庙:图5-383~5-387)、马杜赖[大庙(湿婆及米纳克希神庙,米纳克希为湿婆之妻帕尔瓦蒂的化身):5-388~5-411;库达拉加尔庙:图5-412~5-416;拉加科伊尔庙:图5-417~5-419]、斯里维利普图尔拉梅斯沃勒姆(位于次大陆最南端,拉马纳塔组群图5-420~5-423)和韦洛尔(杰拉肯特寺庙组群:5-424~5-432)等地。

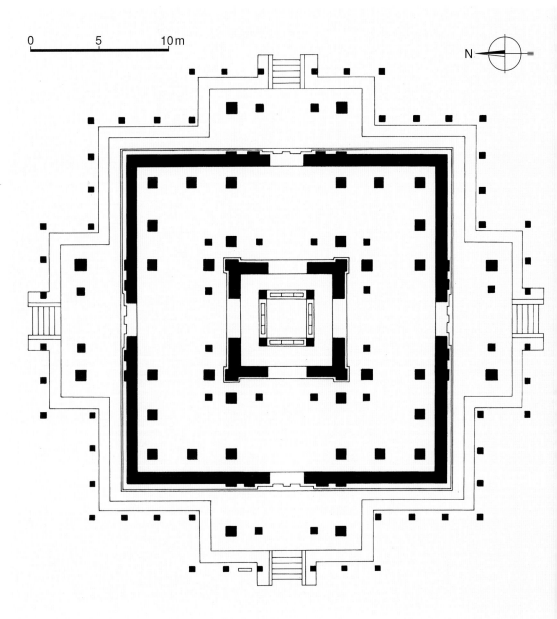

本页及左页：

（左）图5-465斯灵盖里 维迪亚申卡拉神庙。西南侧（背面）景色

（中）图5-466卡尔卡拉 巴胡巴利雕像。现状（立在山上，像高17米）

（右）图5-467卡尔卡拉 恰图尔穆卡寺（1586年）。平面（取自MICHELL G. Architecture and Art of Southern India, 1995年）

在大型寺庙组群中，最早达到目前形态的朱罗时期的吉登伯勒姆寺庙[后期的最外圈围墙prakāra）只是在神庙地界外再围出一圈狭长的地，其中一些已复归丛林]。不过，占地范围最大则是斯里伦格姆岛上的伦加纳特寺庙（面积63公），这是唯一一个具有正规七道围墙的寺庙（图5-433~5-449）。这座位于中心区的古老结构是印度南部最著名的毗湿奴派神庙，被简称为"科伊尔"（Koil，即"寺庙"）。尽管圣区具有悠久的历史，但看来没有一个建筑早于朱罗晚期。在18世纪，这里是法国、英国及其各自盟军的必争之地，曾短期内被他们以及迈索尔王国的海德·阿里（1720~1782年）及

（上）图5-468卡尔卡拉
图尔穆卡寺。俯视全景

（左下）图5-469卡尔卡
恰图尔穆卡寺。立面现状

（右下）图5-470卡尔卡
恰图尔穆卡寺。屋顶构造

子蒂普苏丹（1750~1799年）占领，因此有理由相，这些高大的围墙首先是出自防卫的考虑。这个庞的神庙组群实际上已成为当地社会和宗教生活中不分割的组成部分，三个外围地内纳入了大量的住宅店铺，约有5万居民。

如果全部完成的话，最外圈的四座塔门将成为历上最大的这类建筑。此后，塔门和每道围墙的高度所降低，大部分重建、改建工程及厅堂建筑均属毗耶那伽罗和纳耶克时期。这些建筑逐渐填满了内部道围墙内的面积，最后只有满覆金板的主要祠堂的部结构高出周围各厅堂之上。这座用砖和灰泥砌筑奇特建筑由一个圆形内殿（garbhagṛha，即"圣中圣"）组成，上部略呈椭圆形的穹顶各面带近似三

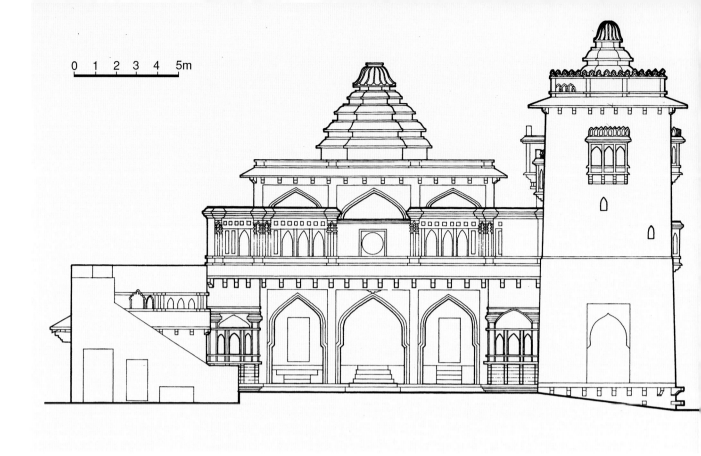

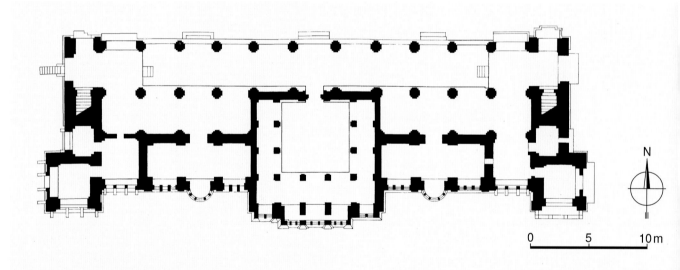

形的凸出部分（śukanāsa，上冠"天福之面"）。
筑朝南。躺在千头巨蛇身上的毗湿奴塑像以灰泥
作，长约4.5米，头朝南，转向敬拜者。除了几座
美的塔门外，在这个庞大的建筑群里，其他具有

重要建筑价值的尚有极为华丽的马柱厅（16世纪后
期，图5-450、5-451）、千柱厅（图5-452~5-455）、
迦鲁达柱厅（17世纪，面对着第三个院落的南入口，
图5-456~5-458）和优美的克里希纳韦努戈珀勒祠堂

（上）图5-478阿内贡迪
根宫（17世纪）。现状夕

（下）图5-479京吉 卡尔
纳宫（17世纪）。平面
舍及已发掘的宫邸部分，
自MICHELL G. Architec
and Art of Southern Ind
1995年）

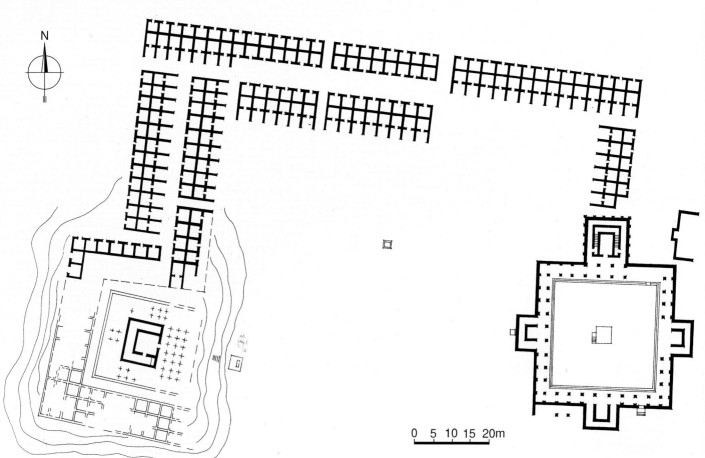

0 5 10 15 20m

庙（16世纪），其平面采用双圆头的形式。其中除内祠外，还布置了若干前厅，环绕通道及一个大型柱厅，颇为不同寻常（图5-461~5-465）。第二座是位于卡尔卡拉的恰图尔穆卡寺。卡尔卡拉是著名的耆那教中心，以立有巨大的巴胡巴利（Bahubali，意为"壮臂者"，耆那教第一祖勒舍波提婆之子）独石雕像而闻名（图5-466）。建于1586年的恰图尔穆卡寺采用了严格对称的集中式平面。四个大门围绕着中心祠堂，总共12位祖师雕像分置四面，通过每座门都可看到三位祖师（图5-467~5-471）。另外一座是位于德干地区尼扎马巴德的罗摩庙。这是地区最早的神庙之一（建于14世纪），以砖和玄武岩石料砌造的主体形式庄重，构图严谨，特色鲜明，墙面、顶棚、柱墩及门框雕饰亦很精美（图5-472）。

阿拉维杜王朝（Aravidu Dynasty，1542~1646年）是毗奢耶那伽罗帝国第四个，也是最后一个王朝。在这时期建造了一批宫殿建筑，其中最主要的有贝努贡达的加根宫（16世纪，图5-473、5-474）、钱德拉吉里的拉贾宫（17世纪，图5-475~5-477）、阿内贡迪的加根宫（17世纪，图5-478）和京吉的卡尔亚纳宫（17世纪，图5-479~5-481）。

位于3、4道围墙之间；主轴西南处；可能建于16世或17世纪早期，其雕刻为最精美的纳耶克艺术实，图5-459、5-460）。后者位于角壁柱之间近足尺小的妇女雕像几乎为圆雕，造型优美、手法纯熟，装束上看当属17世纪。如果这一判断成立的话，那它们将是迄今已知印度南方后期石雕中最精美的作。与位于龛室内的雕刻相比，大型石雕在这里更多附于柱厅的柱墩。

其他宗教建筑中，值得一提的有几座形制独特的筑。一座是卡纳塔克邦斯灵盖里的维迪亚申卡拉神

近代喀拉拉邦是个文化上极为独特的地区。其宽度不超过120公里，但沿次大陆西海岸延伸长达555公里，自门格洛尔以南直达科摩林角。与印度南方大多数其他地域不同，除沿海岸边外，地区内雨量充沛、林木繁茂，加之人口密集，所有这些地方条件都在其建筑和艺术上打下了自己的印记。在文化上，喀拉拉邦主要受在东面与之相邻的泰米尔纳德邦的影响，自北面卡纳塔克邦的影响则要小得多。北面沿海的鲁纳德地区（指喀拉拉邦和卡纳塔克邦使用图鲁语地区）情况比较特殊，将在本节后面专论。

在这几个世纪的历史上，喀拉拉邦占有越来越重要的地位，因为正是在这里，揭示出印度南方（在

（左）图5-482达罗毗荼-喀拉拉式祠堂木支架

（右）图5-483克里克德-克瑟特勒姆（曼杰里）苏布勒默尼亚神庙（11世纪）。外景

程度上也包括德干地区）不同自然环境下建筑和雕刻的表现。在建筑上，喀拉拉邦最重要的贡献是创造达罗毗荼-喀拉拉风格（Drāviḍa-Kerala Style）和在神庙结构及雕刻上采用木料。正如美国艺术史学家斯拉·克拉姆莉什教授所说，喀拉拉邦是印度唯一在几个世纪期间两种不同的建筑类型——达罗毗荼和达罗毗荼-喀拉拉风格——同时并存的地区[12]。在这两种风格里，达罗毗荼式石构部件风格上的演进基本与泰米尔纳德邦同步，仅有地区上的某些变化；而地方木料在达罗毗荼-喀拉拉式祠庙及其周围建筑上的应用及影响情况，则由于实物证据的缺失已不易追溯。不过可以肯定，达罗毗荼风格并不是自外部输入，无论在喀拉拉邦还是泰米尔纳德邦，它都是一种本地风格。

与尼泊尔一样，喀拉拉邦由于在一个较长的历史阶段连续采用木料，而使神庙具有完全不同的风貌。喀拉拉邦木构建筑均于坡屋顶上覆茅草或瓦片，这也是在引进石材之前，印度南方各地的典型做法。之外，与印度大部分地区相比，喀拉拉邦更多受到外来文化的影响。在早期，这种影响主要来自邻近的斯里兰卡。完善的港口设施、较少受到台风侵袭的海岸，使喀拉拉邦比印度其他地区更早与西亚及欧洲诸国建立了联系：在科钦很早就创立了犹太教社团，基督教

社团亦可上溯到公元最初几个世纪，果阿更成为第一个主要的欧洲人聚居地。然而，直到18世纪，西方对其在文化和艺术上的影响仍然微不足道。

从文献可知，与次大陆大部分地区一样，在公元最初几个世纪的喀拉拉邦，所有三个主要地方宗教都拥有很多信徒。到11世纪，至少仍有一座佛教寺院。但早期耆那教徒的岩洞居所则大多被改造成为薄伽梵祠堂（Bhagavatī shrines）。

祠堂建筑主要有两种类型：一种具有较为纯粹——尽管是在不同程度上——的达罗毗荼风格；另一种则是带坡屋顶（往往是多重屋顶）的达罗毗荼-喀拉拉风格。两者均有带线脚的基部（几乎总是以花岗石砌筑），第一层大多采用达罗毗荼柱式。与印度其他地方相比，底层平面变化较多，包括方形、矩形、圆形和半圆头（尽管目前还没有找到纯达罗毗荼风格的实例）。除少数神庙全部采用花岗石外，一般石墙均用红土石砌筑（在北部地区，有的全部用红土石）。石雕相对较少；除个别例外，龛室或为盲龛或不设物神像。大多数达罗毗荼-喀拉拉式的祠堂，甚至包括半圆头的在内，均采用四门形制（称sarvato-bhadra），但其中可能有一个或几个为假门（如克维尤尔的湿婆祠庙，见图5-490）。此外还有第三种风格，主要流行于北部地区，采用木构墙体、百叶窗和

5-484特里凡得琅 帕德玛纳伯斯瓦米神庙。远景

图5-485特里凡得琅 帕德
纳伯斯瓦米神庙。门塔，珀

坡屋顶，并带有丰富的雕饰，但很少有达罗毗荼风格
的要素。

在单层的达罗毗荼-喀拉拉式祠堂里，木结构
用于主要檐口处，以雕成人物或角狮形式的木支架
支撑挑出的木檐（图5-482）。两层的神庙则于建
造木结构之前在主要滴水檐板上起颇高的连续栏墙
（hāra）。直线坡屋顶坡度（即和水平线之间的夹
角）略小于45°；如为圆形神庙，则上置锥顶。有时
还有第二道甚至第三道屋顶（尽管后者极少）。没有

一个祠堂超过三层（称tritala）。屋顶间的空间（
喀拉拉邦称grīva）基本按达罗毗荼建筑的手法
理，配有木料或灰泥制作的人物形象。由于许多方
祠堂配有前厅，因而导致屋顶如遮娄其式建筑顶塔
部的凸出部件（nāsika）那样向前伸出。最初可能
茅草覆面的屋顶本身，此时改为盖瓦，有时还覆以
板。有的方形神庙上如典型的达罗毗荼式顶塔那样
以八角形屋顶，于八个侧面上安置屋顶窗，每个窗
均配小的陡坡屋顶且保留了支提拱的立面形式，颇

（上）图5-486苏钦德拉姆
塔努纳特斯瓦米神庙。组
现状

（下）图5-487苏钦德拉姆
塔努纳特斯瓦米神庙。主
塔，近景

达罗毗荼风格的装饰性山墙（kūḍus）。大量的单层
圆形神庙上冠巨大单一的锥形屋顶，外观上显得颇为
沉重，墙体往往很矮，悬挑的屋檐进一步突出了这种
印象。

　　许多达罗毗荼-喀拉拉式神庙均有绕内祠巡行的
通道（sāndhāra）。有时内祠一直延伸到最上层屋顶
基部；屋顶内则如尼泊尔建筑做法，通过一系列仅起
结构作用的楼板分成若干没有实际功用的空间。但在
更多情况下，则是内祠自身配有完整的上部结构，独
立安置在神庙主体内。如内马姆圆形的尼拉曼卡拉
庙，虽外部屋顶主要结构已毁，但内部平面方形的小

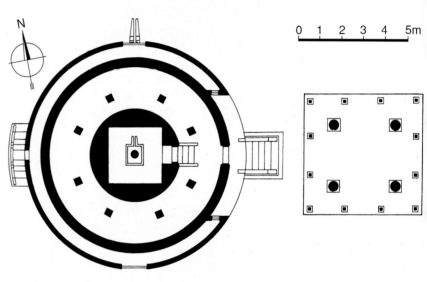

（上）图5-488内杜姆普拉
婆神庙（9/10世纪）。外
（左中）图5-489蒂鲁
勒塞克勒普勒姆（特
丘县）克里希纳庙（黑
庙，9世纪上半叶）。庙
细部
（右中）图5-490克维
尔 湿婆祠庙（10世纪
叶）。平面（取自HAR
J C. The Art and Archit
ture of the Indian Subc
tinent, 1994年）
（下）图5-491克维尤
湿婆祠庙。俯视全景

达罗毗荼式祠堂尚保留完好，上部如泰米尔纳德南地区大多数类似建筑那样，冠以八角形穹顶顶塔。祠和外墙之间另有一圈高出外墙檐口的柱墩，平素柱身顶上凿出榫头（见图3-130）。在带巡行通道圆形神庙里，这种粗加工的柱墩用得相当普遍，在半圆头的神庙里有时也可见到；甚至有的配有两圈柱墩。它们显然是用来支撑外圈屋顶（自身带上部结构的内祠无法承担这样的功能）。毫无疑问，这种圆形祠堂和斯里兰卡的圆圣堂（vaṭadāgē）非常相近，只是以内祠取代了窣堵坡而已（内祠本身配有基座，带壁柱和龛室的墙面、楣檐及顶塔）。内部龛室常安置木雕像或灰泥塑像。在采用四门形制的神庙里，有时还在与入口相对的后墙龛室里，安放女神雕像。在为朝拜者提供单独入口时，这样的布局即相当泰米尔纳德邦的提毗（安曼）祠堂。这方面的实例有特里丘城沃达昆纳特神庙的同名祠堂和曼杰里（位于马拉

图5-493埃图默努尔（科特塔耶姆
摩诃提婆（"大自在天"）神庙。
门道壁画：舞王湿婆（Naṭarāja，
为16世纪）

普兰县）克里克德-克瑟特勒姆的苏布勒默尼亚神庙
（图5-483）。

850~1150年喀拉拉地区和斯里兰卡的联系比较容
易理解，但它和尼泊尔以及印度的喜马拉雅山脉以南
地区（Sub-Himalayan areas）的某些类似不仅极为引
人注目而且成为学术上的重要课题，所谓"宝塔式"
祠堂（"pagoda"-type shrine）是否有共同的起源更
是一个颇具争议的问题。直线陡坡屋顶（往往采用叠
置的形式，以人物或动物形态的挑腿支撑巨大的挑
檐）和在某一层面以上大量采用木构件是喀拉拉邦和
尼泊尔祠堂共同的特色。两者都喜用四门形制，屋面
以瓦或铜板覆盖。只是在喀拉拉邦，只有带巡回通道
的神庙才采用四门形制，同时也没有通向内祠本身的
多个入口。在尼泊尔，独立的宝塔式神庙平面几乎全
是方形，大多立在阶梯状的平台上。而喀拉拉邦的神
庙平台则如印度其他地方一样，通常都不带阶台，祠
堂平面更是各种各样。最后，除了木料以外，在喀拉
拉邦几乎没有用过砖，但砖却是尼泊尔祠堂的主要
建筑材料。

喀拉拉邦的建筑和艺术基本上属印度南方传统的
一种地方变体形式，尽管建筑本身一般算不上特别古
老，但建造上仍然恪守古制。在大型神庙的规划布局
上，这点表现得尤为明显。这当中既包括配有多层塔
门和大型纳耶克式回廊的神庙[如特里凡得琅的帕德
默纳伯斯瓦米神庙（图5-484、5-485）和苏钦德拉姆
的斯塔努纳特斯瓦米神庙（图5-486、5-487），它们

和泰米尔纳德邦大型神庙没有多大区别]，也包括
量采用地方建筑形式和典型印度宗教建筑平面的马
巴尔海岸地区[13]的庙宇。位于主要内祠前并和它分
的诵经堂（namaskara maṇḍapas，可能内部安置公
南迪雕像）以及在几乎所有重要神庙建筑群西南
都可看到的师神萨斯塔祠堂（Śāstā Shrines）则是
拉拉邦神庙特有的表现[其作用有些类似泰米尔纳
邦各处可见的室建陀（南方称苏布勒默尼亚）和
曼祠堂]。在这里，同样得到流行的还有高起的祭
（balipīṭhas，通常均取沙漏形式）。围绕着主要祠
的单层回廊多为木构，上置瓦屋顶（如内杜姆普拉
湿婆神庙，图5-488），其中很多都被用作木雕的
藏室。类似的结构还被用作音乐和歌舞表演场地。
门最高仅三层，保留了达罗毗荼式的平面，但入
凸出部分得到格外强调（如沃达昆纳特神庙，见
3-133）。复杂的坡屋顶和山墙构图完全效法古代
木建筑。

与泰米尔纳德邦相比，喀拉拉邦寺庙里铭文
少，几乎每座祠堂基础以上部分均经过改建（大部
发生在几个世纪前），因而很难追溯其历史演变的
迹。特别在政治上难得统一的马拉巴尔沿海地区，
北之间纬度相差4°左右就可看到个体建筑的差异。
许多达罗毗荼建筑一样，挑梁的形式往往是确定墙
年代的唯一可靠依据。早期圆形神庙大多集中在南
地区，这里不仅离斯里兰卡更近，在建筑类型上也
那里有一定的亲缘关系。尤为值得注意的是，不见

 图5-494卡耶姆库
拉姆（阿勒皮县） 克
里希纳普勒姆宫。外景

（右） 图5-495卡耶姆库
拉姆 克里希纳普勒姆
宫。壁画：毗湿奴救助
象王（Gajendramokṣa）

图5-496帕德默纳伯普□
（泰米尔纳德邦） 宫殿□
王御用祠堂壁画：卧在□
的蛇王阿南塔身上的毗□
（18世纪中叶，以黄褐□
调和部分红绿色相结合□
活画面，是喀拉拉邦绘□
术的典型特征）

最南端的半圆头神庙，在北面却相当普遍（包括图鲁
纳德地区）。在现存最早（9世纪）的神庙中，有两
座可能保留了大部分最初的墙体，它们均为方形的
达罗毗荼-喀拉拉式祠堂。第一座是蒂鲁库勒塞克勒
普勒姆（位于特里丘县）的克里希纳（黑天）庙（系
根据一位哲罗王朝国王的名字命名，图5-489）。其
建筑配有两条内部巡回通道，靠内的一条年代稍晚。

它是唯一一座带有龛室雕刻的达罗毗荼-喀拉拉式
庙，前面还有一个相当大的前厅。第二座可能年
稍晚，是塔利（同样在特里丘县）的尼蒂亚维恰
斯沃拉（湿婆）神庙的主祠。两座祠庙均有特大
基台（jagatī）和向前凸出甚多的椭圆形线脚（墙
本身由此起建）。在喀拉拉邦中部和北部，这一
色可视为早期达罗毗荼风格的标记。两座神庙护

）图5-497科钦 默滕切
□。现状外景

）图5-498科钦 默滕切
□。壁画（表现骑在白牛
的帕尔瓦蒂撞见湿婆和莫
□热吻,心生不悦的典故）

）图5-499穆德比德里
□教神庙（千柱庙）。现
□自北面望去的景色（建
□东偏北方向）

板（kaṇṭha）角上奇特的凸缘和中央垂直凸出部件
（bhadra）基部的线脚很可能是以粗犷的方式模仿早
期朱罗风格的摩竭（摩伽罗，Makara）头部。这些
建筑和其他为数不多的早期祠堂（公元1000年前）均
配有带分划部件的墙体、龛室和带自身线脚的微缩亭
阁（pañjaras）。

　　克维尤尔的圆形湿婆祠庙（图5-490、5-491）——

本页：

（上）图5-500穆德比德
耆那教神庙。东侧全景

（下）图5-501穆德比德
耆那教神庙。入口近景

右页：

图5-502穆德比德里 耆那
神庙。内景

更准确说是其基部（adhiṣṭhāna）——已经文献确属公元950年前。圆形内祠里纳入了一个方形圣，外部绕行一圈柱子；所有这些几乎可以肯定是依初的底层平面，尽管后期墙体和上部结构进行了改或更新，但平面很少变动。其华丽的木构外墙雕饰（bāhya bhitti）可能属18世纪（图5-492）。

11~17世纪期间建造的大量祠堂常常是利用早期基础，和其他地方一样，采用了越来越多的装饰，面拥挤不堪、情趣低下，墙面亦不再进行分划（在形或带半圆头的祠堂里一直如此）。不过，特里得琅郊区的沃勒亚-乌代斯沃拉神庙虽然已属15世，但仍可视为达罗毗荼风格的一个精美作品，建筑有两排连续栏墙（hāras）；尤为特殊的是，配置带圆形颈部的顶塔。

留存下来最早的壁画实例，是埃图默努尔（位于特塔耶姆县）摩诃提婆（"大自在天"）神庙塔门内现舞王（Naṭarāja）的巨大画面（幅面3.66米×2.44，可能早至16世纪，图5-493）。这些穿着华丽服的人物形象使人想起曷萨拉的雕刻，目前还找不到与之媲美的其他同时期的壁画。卡耶姆库拉姆（位阿勒皮县）克里希纳普勒姆宫的精美壁画中，有一是表现毗湿奴救助大象的故事（Gajendramokṣa，5-494、5-495）。其他一些壁画则见于现泰米尔德邦（科摩林角）帕德默纳伯普勒姆的宫殿（图496），以及特里丘县的两座神庙（分别位于特里和特里普勒耶尔）。科钦的默滕切里宫几个房间壁的绘制可能延续了两个世纪（图5-497、5-498）。有这些喀拉拉邦的壁画都汲取了许多外来的要素，至可看到来自欧洲的影响。

与喀拉拉邦相比，操卡纳达语的图鲁纳德地区在化上和德干地区有较多的联系，特别是和卡纳塔克，在政治上的联系一直要比喀拉拉邦更为密切。但于沿海岸的自然环境对建筑具有重大影响，因而它同样可视为喀拉拉邦向北面的延伸。在这里可看到两座属羯陵伽类型并具有典型德干风格的神庙，如恩杜鲁的塞内斯沃拉神庙，尽管采用尖头瓦屋顶，配有遮娄其式的柱厅，顶棚上饰表现方位护法神的雕。在巴特卡尔，至少有一座属达罗毗荼式的神庙罗摩神庙），而乌尔拉尔的一座年代还要早得多。方形、圆形和半圆头底层平面的达罗毗荼-喀拉拉

式祠堂数量更多，特别是在卡纳拉南部。其他如屋顶覆面以石板代替盖瓦、外墙装百叶窗、墙体以石砌筑，也都是图鲁纳德地区的特色。到12世纪，起源于德干地区的耆那教复兴运动在这里兴起，穆德比德里和巴特卡尔等地的一批重要的耆那教神庙，都兴建于这段时期[穆德比德里耆那教神庙（千柱庙）：图5-499~5-502]。

第五章注释：

[1]马拉雅拉姆语（malayāḷaṁ），印度南部喀拉拉邦通行的语言，属达罗毗荼语系，为印度22种官方语言之一。

[2]阿周那（Arjuna），为帕拉瓦时期流行的印度史诗《摩诃婆罗多》（*Mahābhārata*）中的主要人物之一，据传他以苦修向湿婆求取"兽主法宝"。

[3]见CRAVEN R C. A Concise History of Indian Art, 1976年。

[4]Nidhis，为财宝的拟人形象，休形肥胖，姑且译作"财神"。

[5]凯拉萨（Kailāsanātha），为湿婆化身之一，因其主要居所在凯拉萨山（Mount Kailash）上而名。

[6]潘地亚王朝（Pandyan Dynasty），古代三个泰米尔王朝之一，另两个是朱罗（Chola）和哲罗（Chera）王朝。

[7]见BARRETT D. Early Cola Architecture and Sculpture，1974年。

[8]见BARRETT D. Two Lost Early Cola Temples，1971年。

[9]罗荼罗乍一世（Rājarāja I，985~1014年在位），又称荼罗乍，其名号意为"王中之王"。

[10]只是有关此事尚无确切的文献依据。

[11]见HARLE J.C.The Art and Architecture of the Indian Subcontinent，1994年。

[12]见KRAMRISCH S.，et al. The Arts and Crafts of Travancore，1952年。

[13]马拉巴尔地区（Malabar），中国宋元时期称其为"马国"；位于印度次大陆西南海岸线上，为一狭长地带。

第六章
次大陆其他国家

第一节 尼泊尔

一、地理及历史概况

如今已成为独立国家的尼泊尔是南亚一个典型内陆国家,北面与中国相接,其余三面与印度为邻。整个国家地处高海拔地区,世界上最高的十座山峰中有八座(包括最高的珠穆朗玛峰在内)位于尼泊尔境内。和克什米尔一样,由于特殊的地理位置,在推行孤立主义政策的同时,得以免遭周边国家的入侵。

今尼泊尔的国土包括喜马拉雅山南麓的大部分,从北面的高山向南一直伸展到大部为丛林掩盖的德赖平原。但国家的中心地区是由巴格马蒂河形成的谷地,这里不仅自古以来就有人居住,在古尔克王朝(Gurkhali Dynasty)出现之前也大体相当于国家的政治边界。就尼泊尔的艺术史(在很大程度上也包括文化史)而言,实际上所涉及的地区仅限于面积不到300平方公里、人们一天之内就可以步行横跨全境的加德满都谷地及谷地周边的少数城市及遗址(图6-1)。

尼泊尔是佛教的重要据点,拥有古老的文化遗产

图6-1加德满都谷地 地理位置图(取自KORN W. The Traditional Architecture of the Kathmandu Valley,2014年)

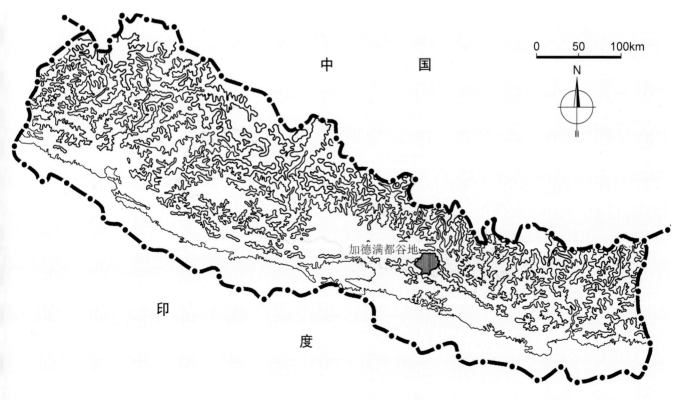

及传统。约公元前563年，王子悉达多·乔达摩（即
教创始人释迦牟尼、佛陀）即出生在今尼泊尔蒂芬
科特（古称迦毗罗卫城）的蓝毗尼园。他早年的
分岁月亦在这附近度过（公元前6~前5世纪左右，
6-2）。

本页：
（左）图6-2桑吉 窣堵坡。东门塔浮雕，表现净饭王自迦毗罗卫
出发迎接佛陀并赠送他一棵菩提树（板面左下方）的典故，板
上方表现摩耶夫人之梦

（右）图6-3迦毗罗卫城 蓝毗尼园。阿育王柱（鲁明台石柱，2
前249年），发掘时照片

右页：
（上及右下）图6-4迦毗罗卫城 蓝毗尼园。阿育王柱，现状（标
6米，其中3米埋在地下）

（左下）图6-5迦毗罗卫城 蓝毗尼园。阿育王柱，柱上的婆罗
铭刻

据地方传说，有"神佑王"（Sovereign dear to Gods）之称的阿育王是第一位到诞生"开悟者"（Enlightened One）佛陀的这片土地上造访的重要人[物]。在迦毗罗卫郊外蓝毗尼园发现的石柱似可作为[这]一说法的佐证（柱上有这位统治者的铭文，图6-3~[5]）。但无法确定的是，阿育王是纯为朝圣而来或是为视察这片远方领土而找的托词，看来后者似更可信。

在尼泊尔，离车王朝（Licchavi Dynasty，又作查维王朝，464~879年）是历史上第一个真正有文[字]记载的王朝。由离车族创立的这个王国主要势力范[围]位于加德满都谷地一带。传说其统治族群本来在比[哈]尔，因失势而迁移至此。在这之前所发生的事，除[了]有关释迦族的一些信息外，由于没有正式的文献记[载]已无法考证。但从这时期的金石铭刻可知，此前[还]有一个由克拉底人（Kirati）创建的王朝[克拉底王[朝]（Kiranti Dynasty），公元前800~公元300年，期间[共]有29个国王]。离车族正是在征服了土著的克拉底[人]后，建立了尼泊尔历史上第一个印度教王国。

在公元后的前几个世纪，迅速崛起的离车家族[的]声望想必已超出了国界，因为印度笈多帝国的创[立]者旃陀罗笈多一世曾请求迎娶他们的一位公主。[接]下来泥婆罗国（即今尼泊尔）塔库里王朝（Thakuri [Dy]nasty）的创立者鸯输伐摩（"光胄王"，595~621年，[60]6~621年在位）和吐蕃帝国的创立人松赞干布（约[60]9~650年在位）[1]关系密切，并把自己的女儿嫁给了[他]。这位塔库里王朝公主对在吐蕃宫廷里推广佛教起

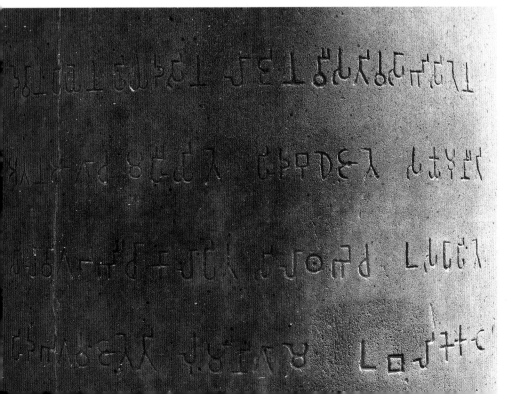

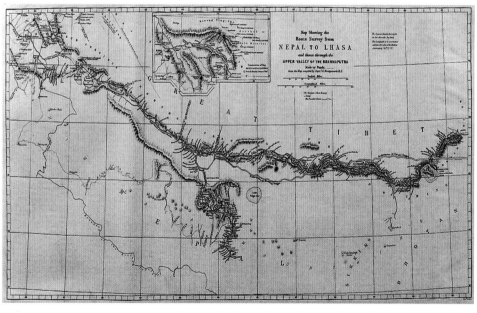

（左上）图6-6尼泊尔 离车时期的毗
奴雕像

（下）图6-7次大陆北部古道图

（右上）图6-8壁画（15世纪）：马
王朝国王在巴克塔普尔王宫尊拜印
教主神因陀罗

到重要作用，因而成为西藏历史上的一位重要人物。

　　尼泊尔的历史表明，主要的艺术潮流往往由政治路线确定。在离车-塔库里王朝时期（Licchavi-Thakuri periods，10~11世纪），印度的影响占据了上风，特别是在东部地区（图6-6）。在接下来的一个世纪里，尼泊尔成为当时西藏地方政权的属地，只是持续的时间尚不能准确判定（图6-7）。这几乎是个历史的空白期，一个模糊不清的时代。实际上。一直

到13世纪，有关尼泊尔的历史只有一些支离破碎，时还是相互矛盾的信息。

　　约1200年，一个新王朝——马拉王朝（Ma Dynasty）逐渐壮大并登上了权力的宝座（图6-8）1768年，王朝被廓尔喀族（尼泊尔的主要种族）首普里特维·纳拉扬沙（图6-9）起兵推翻，整个地区到统一。由于一直没有受到穆斯林扩张的影响，尼尔得以保留了鲜明的印度特色，多少个世纪以来未

变，成为这个国家主要的魅力所在。

　　值得注意的是，直到16~18世纪，尼泊尔这片弹丸之地却容纳了三个独立的城市王国。1100年左右，现加德满都老城区，实际上有三个分治的小型国。住在这片狭小土地上的尼瓦尔族（Newars）居民，在人种和文化上都有别于这个国家的大部分其他地区，同时具有自己的语言，保存了相对的独立和自由，在尼泊尔独特文化的发展上作出了很大的贡献。

　　在这方面起到了决定性作用的因素有两个。一是

本页：

（上）图6-10布达尼坎塔
达尼坎塔寺。毗湿奴卧
（寺院位于加德满都谷地
面希沃普里山下，是供奉
湿奴的印度教露天寺庙；
整块黑色玄武岩石块雕成
巨大卧像躺在缠绕的蛇
上，高约5米，放在一个
征大海的水池中，被认为
尼泊尔最大的石雕作品）

（下）图6-11迦毗罗卫城
毗尼园。大菩提树与圣
现状

右页：

（左上）图6-12迦毗罗卫
蓝毗尼园。摩耶夫人庙及
水（据传，有一天，摩耶
人梦见一头白象进入她的
肋，因此怀孕；她在怀胎
月后，按照当时的习俗回
家待产，在四月的第八天
于蓝毗尼园停留；在园中
举手攀一根娑罗树枝休息
时候，释迦牟尼即从她的
肋而出；传说园中的圣池
她在生产之前沐浴，以及
后她给释迦牟尼第一次沐
的地方）

（下）图6-13迦毗罗卫城
毗尼园。寺院及佛塔遗址

（右上）图6-14迦毗罗卫
蓝毗尼园。标志王子悉达
出生地的古井

包括印度在内的文化得到高度繁荣的国家当中，只这里，佛教和印度教同时得到发展。二是长达几个纪的隔离状态和强烈的文化认同意识，导致许多地400多年来实质上没有多大变化，文化得以在最初生的环境中存续和繁荣。老的寺院、神庙、宫殿、济所，特别是私人住宅继续得到应用，大部分精美砖木混合结构常常部分覆以制作华丽的金属部件

（在这一点上，与印度和斯里兰卡的情况有很大区别，在那里，传统的世俗建筑很少能留存下来）。

因此毫不奇怪，第一批研究尼泊尔的西方学者相信，他们在这里见到的，正是前穆斯林时期印度的一个活标本，有助于澄清有关古代印度次大陆——特别是其世俗建筑——的许多令人困惑的问题。尽管尼泊尔的建筑和大多数喜马拉雅山以南地区（所谓Sub-

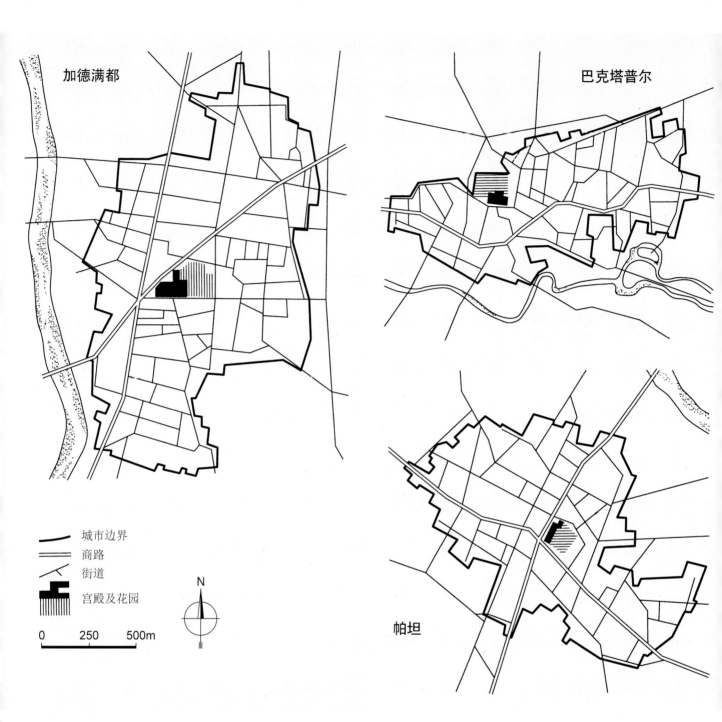

加德满都

巴克塔普尔

城市边界
商路
街道
宫殿及花园

N

0   250   500m

帕坦

Himalayas）一样，一直游离于次大陆的主要潮流之外，且其中大部分属15世纪以后。但可以肯定，它大多沿袭了主要受印度影响的早期形式，在政治几完全独立的状态下，保留了自己具有1500余年历史遗产特色。

在尼泊尔，国家主体宗教信仰为印度教，另有数群体信仰藏传佛教、伊斯兰教等。但在这里，印教和佛教之间，无论在信仰上还是实践上，并没有显的区别。在这个极为包容的国家中，两者都拥有批虔诚的信徒，况且对某些神明的崇拜还被赋予了家和民族的意义。各个王国的国王们均认为自己和

（上）图6-15加德满都谷地 主要城
市平面简图[加德满都、帕坦（今
称勒利特普尔）和巴克塔普尔（巴
德冈）]

（中）图6-16基尔蒂普尔 古城风貌
（背景为喜马拉雅山）

（下）：

（上）图6-17基尔蒂普尔 中心区。
全景

（下）图6-18基尔蒂普尔 巴拜拉弗
（怒虎庙，可能为16世纪）。地
区现状[祠庙供奉地方保护神巴拜
拉弗（怒虎），高三层，是城内最
重要的古迹]

有密切的联系（现在的尼泊尔国王仍被看作是毗湿奴的化身，图6-10），国王也因此被赋予了神性且具了合法的统治地位。出于同样的缘由，在几座主要庙里，尚可看到两重甚至是三重的祠堂。

二、城市及世俗建筑

佛陀的诞生地迦毗罗卫城很早就沦为废墟，因此中国东晋时期的高僧法显（334~420年）[2]和唐代名高僧玄奘（602~664年）分别于公元5世纪和7世来到这里时，仅能寻得少数住房、窣堵坡、神庙和院的基础。城市新近进行了发掘，在传说中的佛陀

本及左页：

（上）图6-19基尔蒂普尔 巴拜拉弗庙。立面全景

（上）图6-20基尔蒂普尔 巴拜拉弗庙。木雕及窗饰细部

（下）图6-21基尔蒂普尔 奇伦乔窣堵坡。建筑群，全景

（下）图6-22基尔蒂普尔 奇伦乔窣堵坡。中央窣堵坡，立面景色

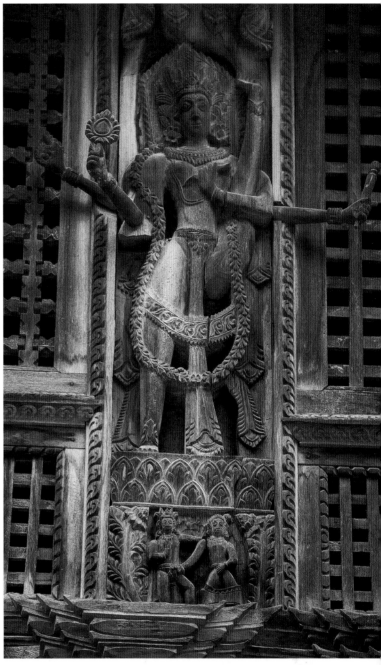

（上）图6-23基尔蒂
迪彭卡尔庙。窣堵坡，

（下）图6-25基尔蒂
老王宫（18世纪）。
道一面景观（位于市
区，左侧部分属后期

诞生地蓝毗尼园，尚能看到部分残迹（图6-11~6-14），
包括一座祠庙和前面提到过的阿育王柱。

马拉王朝时期促成了大型城市中心的建设，彼此
相距不远的三座都城加德满都、帕坦（今拉利特普
尔）和巴克塔普尔（巴德岗）控制着通往内地和印度
的主要道路。这三座城市不仅功能类似，主要建筑和
街区的布置也十分相近（图6-15）。例如，帕坦中心

）图6-24基尔蒂普尔 乌
马赫庙（1655年）。现状
记（位居市区最高处，是
另一座著名祠庙）

）图6-26帕坦（桑卡拉
帕塔纳，拉利特普尔）
戏。总平面（取自KORN
The Traditional Newar
hitecture of the Kathman-
Valley，The Sikharas，
4年）

■ 塔庙

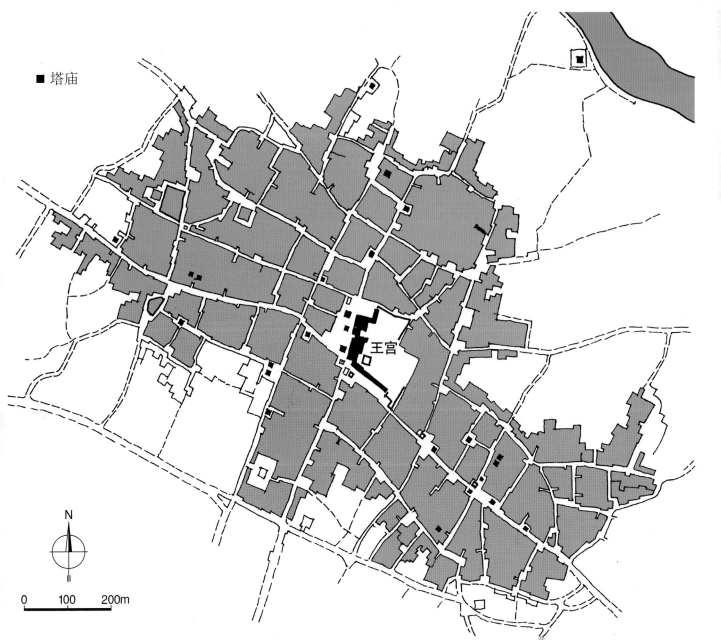

王宫

N

0   100   200m

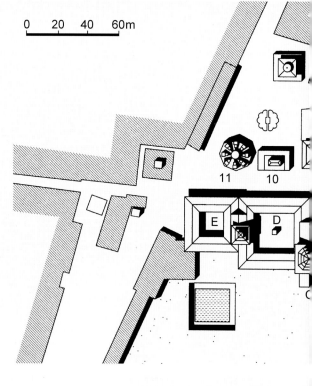

本页及右页：

（左上）图6-27帕坦 "阿育王窣堵坡"。南阿育王窣堵坡，现状

（中上）图6-28帕坦 "阿育王窣堵坡"。北阿育王窣堵坡，现状

（中中）图6-29帕坦 王宫广场。总平面（取自KORN W. The Traditional Architecture of the Kathmandu Valley，2014年），图中：A、凯瑟尔·纳拉扬宫院；B、德古塔勒祠庙；C、塔莱久·巴瓦妮祠庙；D、穆尔院；E、孙达理院（以上为王宫组群）；1、迦内沙神庙；2、比姆森神庙；3、维什沃纳特神庙；4、克里希纳（黑天）神庙；5、毗湿奴天（恰尔·纳拉扬）神庙；6、毗湿奴祠庙；7、根陀罗·马拉石柱；8、那罗希摩神庙；9、哈里·申卡神庙；10、钟亭；11、恰辛·德沃尔神庙（以上属神庙区）

（下）图6-30帕坦 王宫广场。王宫区对面各祠庙外廊形式（取自KORN W. The Traditional Architecture of the Kathmandu Valley，2014年），图上编号对应的建筑名称见图6-29

（右上）图6-31帕坦 王宫广场。20世纪初景色[水彩画，1912年，作者Percy Brown（1872~1955年）]

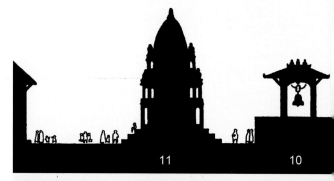

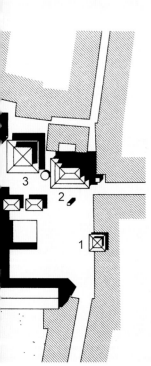

）图6-32帕坦 王宫广场。现
俯视全景（向北面望去的景
右侧王宫区，左侧神庙区，
八角形建筑为恰辛·德沃尔
）

）图6-33帕坦 王宫广场。
，东南侧景色（自左至右分别
里希纳神庙、神庙前的纪念
维什沃纳特神庙和比姆森神庙）

）图6-34帕坦 王宫广场。南
西南侧景色（前景为位于恰
德沃尔神庙和哈里·申卡神庙
的钟亭，背景两座高起的建
别为王宫区的德古塔勒祠庙
莱久·巴瓦妮祠庙）

）图6-35帕坦 王宫广场。向
去的景色（左侧为恰辛·德
神庙及其后面的钟亭和哈
申卡神庙；右侧高耸的是王
的德古塔勒祠庙）

页:

）图6-36帕坦 王宫广场。神庙
　向北望去的景色（左侧前景
　神亭，向后依次为哈里·申卡神
　根陀罗·马拉石柱、维什沃纳
　神庙和比姆森神庙）

）图6-37帕坦 王宫广场。自东
　方向望去的景色（前景为克里希
　神庙平台上的石狮和前面的纪念
　对面为王宫组群的凯瑟尔·纳
　场宫院和德古塔勒祠庙）

页：

）图6-38帕坦 王宫广场。北
　西望景色（左侧前景为位于道
　侧的两座柱亭，后面左右两座
　筑分别为维什沃纳特神庙和比姆
　神庙；维什沃纳特神庙左边远处
　看到克里希纳神庙的高塔）

）图6-39帕坦 王宫广场。恰
　德沃尔神庙，西北侧地段形势

本页及右页：

（左）图6-40帕坦 王宫广场。恰辛·德沃尔神庙，东南侧现状

（中）图6-41帕坦 王宫广场。恰辛·德沃尔神庙，东侧景观

（右）图6-42帕坦 王宫广场。哈里·申卡神庙（17世纪），东南侧，地段形势（左侧前景为钟亭）

由公共广场及其周边布置的国王宫邸及行政建筑组成。用于宗教仪式和市政庆典活动的广场装饰着柱子及雕刻组群（表现统治者和印度教的神祇）。广场因此成为道路的交会点和整个城市的会聚中心。从这里向外发散的街道，把城市分成各种各样的街区。这样的城市结构同样具有重要的社会学意义，特别是在每个街区都住着某个特定的社会阶层时。

位于加德满都西南约5公里的基尔蒂普尔是谷地的另一座风景优美的古城，城市的历史可上溯到1099年，市内尚存各时期的寺庙、窣堵坡及宫殿的遗迹（图6-16~6-25）。

[帕坦：王宫广场及其他建筑]

帕坦今称拉利特普尔，为印度教和佛教中心，是已知历史最为悠久的佛教城市之一（图6-26）。在城市内部及其周边散布着1200多座各种样式规模不等的佛教建筑，拥有136座院落（bahals）和55座主要祠庙，是上述谷地内三座都城中佛教建筑最多的一座，其古迹总数占到加德满都谷地的56%。

帕坦城市最初是按佛教法轮（Dharma-Chakra）的形式设计。传说阿育王曾于公元前250年和他的女儿恰鲁玛蒂一起造访加德满都，并在帕坦建造了五座窣堵坡（通称"阿育王窣堵坡"，图6-27、6-28），四座位于周边正向四角上，一座位于中间。不过，这一时期的城市，从总体上看，并不追求规整、对称，

图6-43帕坦 王宫广场。
里·申卡神庙,东南侧,全

而是和单体建筑一样，生动别致，充满画意。这一特色在中心区的建筑布局上表现得尤为明显。

　　和加德满都及巴克塔普尔（巴德岗）类似，帕坦的主要古迹大都集中在市中心王宫广场及其周边地区（图6-29~6-38）。1979年加德满都谷地遗址被列为

联合国教科文组织世界文化遗产项目，这三座城市王宫广场皆为其七个组成部分之一，但是在2015年月的一次地震中，很多建筑都遭到严重破坏。

　　帕坦王宫广场由一条南北向道路分为东西两区东面为王宫区，由三个主要宫院及相关的王室祠庙

（上）图6-44帕坦 王宫广场。
里·申卡神庙，入口基台近景

（下）图6-45帕坦 王宫广场。
里·申卡神庙，屋檐构造及
市细部

成；西面为神庙区。

　　神庙区南端的恰辛·德沃尔神庙是座平面八角形
的石构顶塔式建筑，是18世纪一位国王的女儿为纪念
随其父到火葬柴堆处的八位妻子而建（图6-39~6-41）。
底层为位于阶梯式基台上的围柱廊结构，上两层于各
面出四柱小亭，围绕着中央高耸的穹顶结构。

　　恰辛·德沃尔神庙北面的哈里·申卡神庙建于17世
纪，是座平面方形上置三重屋顶的建筑（图6-42~6-45）。
柱子上方及支撑屋檐的支腿上带有复杂的雕饰，入
口台阶两侧立石雕大象。祠庙北面一石柱上立国王

本页及右页：

（左）图6-46帕坦 王宫广场。那罗希摩神庙（1590年），东南侧，
地段形势（前方为根陀罗·马拉雕像柱）

（中）图6-47帕坦 王宫广场。那罗希摩神庙，东北侧全景

（右）图6-48帕坦 王宫广场。那罗希摩神庙，东侧（入口面），现状

约根陀罗·马拉作祈祷姿态的镀金坐像。西面那罗希摩神庙为一小型顶塔式石构建筑，其年代可上溯到1590年（图6-46~6-48）。边上是一座供奉毗湿奴的小型祠庙。北侧的毗湿奴天（恰尔·纳拉扬）神庙建于1564/1565年，可能是广场上幸存下来的最古老建筑（图6-49~6-51）。

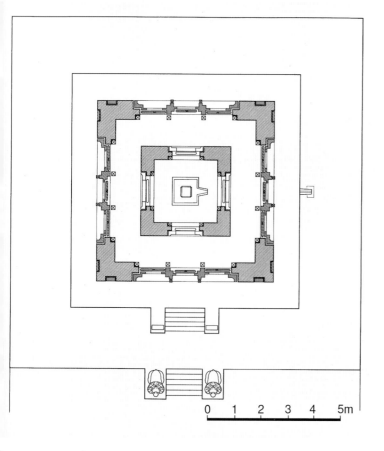

0　1　2　3　4　5m

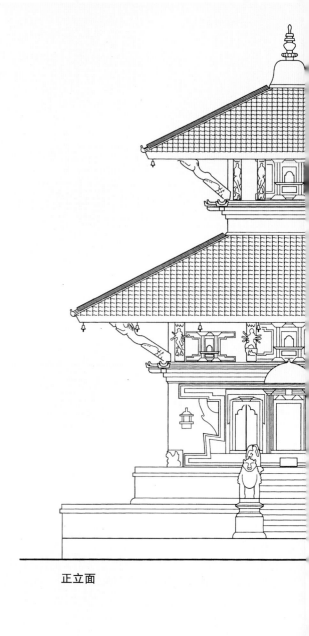

正立面

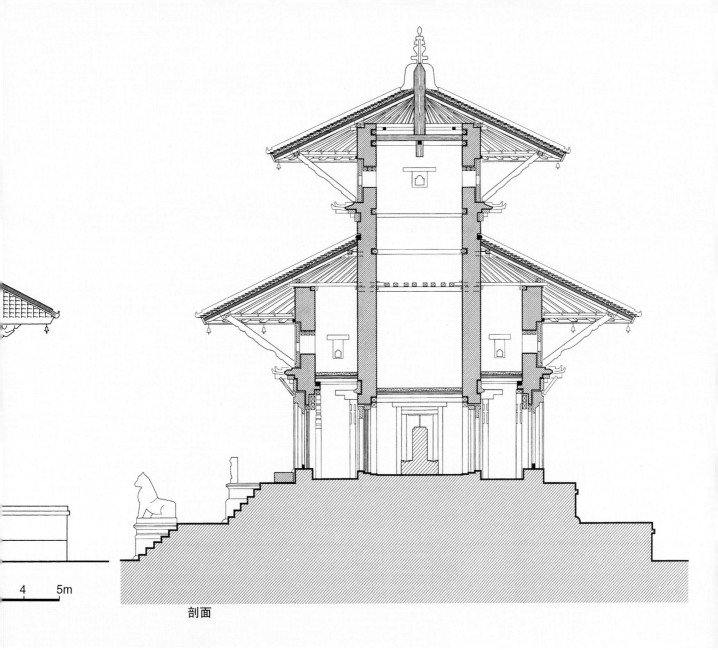

4　5m

剖面

本页及左页：

（左上）图6-49帕坦 王宫广场。毗湿奴天（恰尔·纳拉扬）神庙（1564/1565年），平面（取自KORN W. The Traditional Architecture of the Kathmandu Valley, 2014年）

（右上）图6-50帕坦 王宫广场。毗湿奴天神庙，立面及剖面（取自KORN W. The Traditional Architecture of the Kathmandu Valley, 2014年）

（左下）图6-51帕坦 王宫广场。毗湿奴天神庙，东南侧景色

（右下）图6-52帕坦 王宫广场。克里希纳（黑天）神庙（1637年），东南侧，地段形势（左侧为毗湿奴天神庙）

·53帕坦 王宫广场。克里

神庙，东南侧，全景

·54帕坦 王宫广场。克里

神庙，东侧全景（自对面

博物馆窗户处望去的景色）

接下来的克里希纳（黑天）神庙由国王西迪·那希摩·马拉建于1637年，是广场上最重要的庙宇图6-52~6-57；平面及立面另见图6-242）。平面方的建筑位于一个高高的阶梯状基座上，以自己独特的方式采用来自印度的庙塔（shikhara）风格。神庙三层，底层为柱廊环绕，显然是受到印度莫卧儿王朝建筑的影响。上两层于主体结构周围各布置八座亭阁，加上顶部中央主塔及四边的小亭共有21个带金色尖顶的结构。首层为供奉主神克里希纳（黑天）的主祠（两侧布置次级祠堂），二层供湿婆，三层供佛陀。位于第一和第二层柱墩上的雕刻分别表现来自印度古代梵文叙事诗《摩诃婆罗多》（*Mahabharata*）[3]和《罗摩衍那》（*Ramayana*）的典故，上部楣梁石雕

尤为精美，引人注目。

位于克里希纳神庙东北侧供奉湿婆的维什沃特神庙建于1627年西迪·那罗希摩·马拉任内，是一立在阶梯状基台上的重檐建筑，底层绕以回廊（6-58~6-62）。屋顶支撑类似印度湿婆神庙，饰有

本页及右页：

（左上）图6-55帕坦 王宫广场。克里希纳神庙，东北侧近景

（左下及中下）图6-56帕坦 王宫广场。克里希纳神庙，雕刻细部

（中上）图6-57帕坦 王宫广场。迦鲁达柱（位于克里希纳神庙前），柱头及迦鲁达像，近景

（右上）图6-58帕坦 王宫广场。维什沃纳特神庙（1627年），南侧，地段全景（前方为迦鲁达柱，后部为比姆森神庙）

（右下）图6-59帕坦 王宫广场。维什沃纳特神庙，东侧现状

（上）图6-60帕坦 王宫广场。纳
沃纳特神庙，西南侧景观

（下）图6-61帕坦 王宫广场。纳
沃纳特神庙，东北侧，仰视效果

）图6-62帕坦 王宫广
维什沃纳特神庙，入口

）图6-63帕坦 王宫广
比姆森神庙（1680年），
侧景观

雕刻。神庙正面入口处以一对石象护卫，内部安置
维林伽。

位于广场北头的比姆森神庙由室利尼沃沙·马拉
建于1680年，是座三重檐的楼阁式建筑，由支腿

支撑直坡屋顶的巨大挑檐（图6-63~6-65）。比姆森
是《摩诃婆罗多》中的英雄人物，在这里系作为商贸
之神受到崇拜。

位于广场东侧的宫殿由三个主要宫院组成，即穆

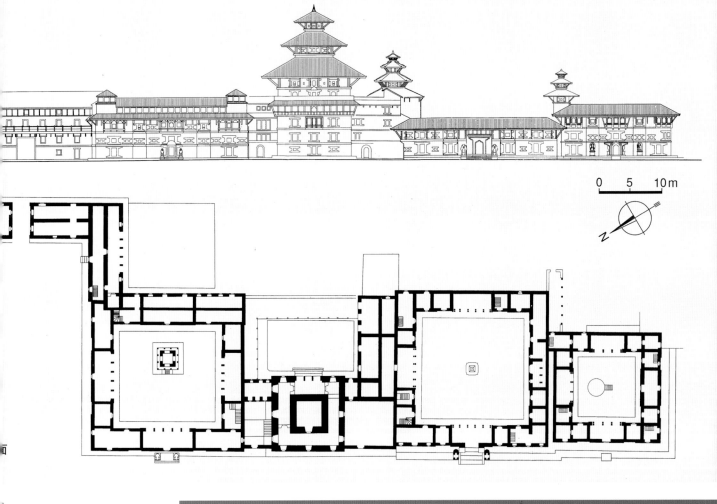

院、孙达理院和凯瑟尔·纳拉扬院（图6-66）。除
些宫院外，区内还有一些带有精美雕饰的祠庙和纪
性小品建筑。

北面的凯瑟尔·纳拉扬宫院因院内的凯瑟尔·纳

拉扬祠庙而得名（图6-67~6-69），现为帕坦博物馆
（Pāṭan Museum），入口因镀金浮雕而得名"金门"
（图6-70、6-71）。位于中间的穆尔院建于1666年，为
三个宫院中最大和最著名的一个（图6-72~6-74）。宫

（上）图6-68帕坦 王[宫]
场。王宫，凯瑟尔·纳[拉扬]
宫院，向北望去的景色

（下）图6-69帕坦 王[宫]
场。王宫，凯瑟尔·纳[拉扬]
宫院，向东望去的景色[，面]
对凯瑟尔·纳拉扬祠庙入[口]

院下面两层为王室成员住所，中间立一镀金的小神祠（供奉知识女神维迪娅，图6-75）。院落南侧为供奉马拉王室家族女神塔莱久的祠堂，门道边分别布置站在乌龟和神鳄（makura）背上代表恒河和亚穆纳河的女神铜像。最南面的孙达理院建于1670年左右，较穆尔院为小，中间为下沉式皇家浴池（图沙池），壁面饰有双排小雕像，可惜现已大部无存（图6-76～6-81[）。]宫院入口处立有神猴哈奴曼、象头神迦内沙和毗湿[奴]半人半狮造型那罗希摩的石像。

位于穆尔院东北的塔莱久·巴瓦妮祠庙是庭[园]

层、平面八角形上置三重屋檐的亭阁式建筑（图82~6-84）。神庙建于1640年西迪·那罗希摩·马拉任，在一次大火后于1667年室利尼沃沙·马拉时期重。14世纪一则编年史暗示，在马拉王朝之前，可能有过一座塔莱久神庙。在这座祠庙西北，两个王室宫院之间为始建于1640年的德古塔勒祠庙，这是座平面方形的重檐建筑，是国王们举行密教神秘仪式的处所（图6-85、6-86）。

除王宫广场外，在帕坦，尚可一提的建筑还有建于12世纪国王拔斯卡跋摩时期的金庙和建于14世纪的

本页及右页：

（左上）图6-71帕坦 王宫广场。王宫，"金门"，山面细部

（中上）图6-72帕坦 王宫广场。王宫，穆尔院（1666年），自西南角望去的景色，塔莱久·巴瓦妮祠庙耸立在对面的东北角上

（中下）图6-73帕坦 王宫广场。王宫，穆尔院，立面柱廊细部

（左下）图6-74帕坦 王宫广场。王宫，穆尔院，南侧，塔莱久祠堂入口及河流女神铜像

（右）图6-75帕坦 王宫广场。王宫，穆尔院，维迪娅神祠，西南侧近景

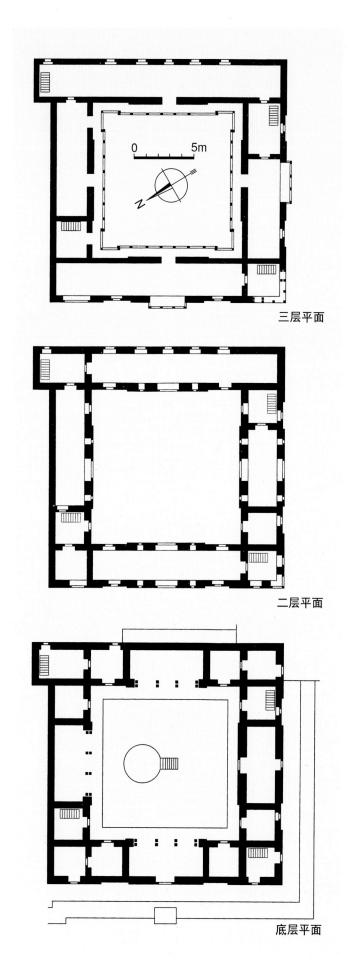

三层平面

二层平面

底层平面

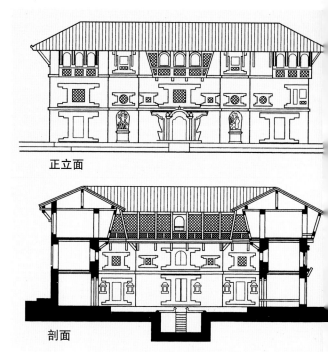

正立面

剖面

觉寺。前者是座上层置金像和转经筒的三层包金佛
（图6-87）；后者创建人为帕坦的僧侣阿伯亚·拉杰，
筑系仿印度菩提伽耶的摩诃菩提寺，由于墙面密布
像龛室，亦被称为"千佛寺"（图6-88~6-92）。

[加德满都：王宫广场及其他建筑]

在加德满都，位于老城中心的王宫广场除庞大的
宫殿组群外，还包括50多座祠庙与纪念碑等历代遗存
（图6-93、6-94）。1934年地震后进行恢复时，有些

（上）图6-81帕坦 王宫
场。王宫，孙达理院，
沙池，近景（向北面望
的样式）

（下）图6-82帕坦 王宫
场。王宫，塔莱久·巴
妮祠庙（1640年，1667
重建），南侧全景

（左上）图6-83帕坦 王宫广
场，王宫，塔莱久·巴瓦妮
庙，东侧景观

（左下）图6-84帕坦 王宫广
场，王宫，塔莱久·巴瓦妮
庙，屋檐近景

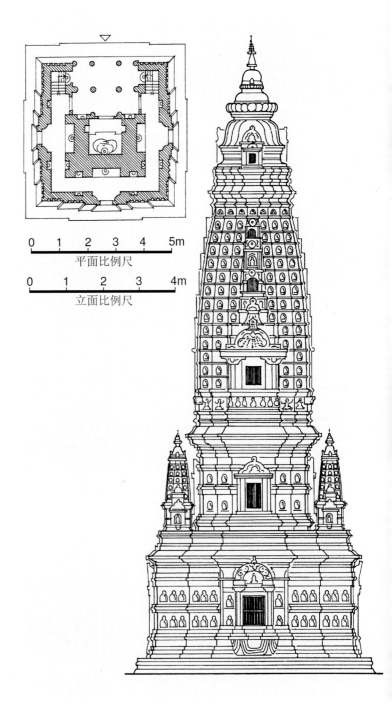

本页及左页：

（左）图6-85帕坦 王宫广场。王宫，德古塔勒祠庙（1640年），南侧，地段形势

（中上）图6-86帕坦 王宫广场。王宫，德古塔勒祠庙，西北侧，现状

（中下）图6-87帕坦 金庙（12世纪）。现状

（右）图6-88帕坦 大觉寺（"千佛寺"，14世纪）。平面及西立面（据Gutschow）

本页:

（左上）图6-89帕坦 大觉寺。地段俯视景色

（右上）图6-90帕坦 大觉寺。立面现状

（右下）图6-91帕坦 大觉寺。底层近景

（左中及左下）图6-92帕坦 大觉寺。墙面雕饰细部

右页:

图6-93加德满都 古城。总平面（取自KORN W. The Traditio

Newar Architecture of the Kathmandu Valley，The Sikharas, 2(

年）

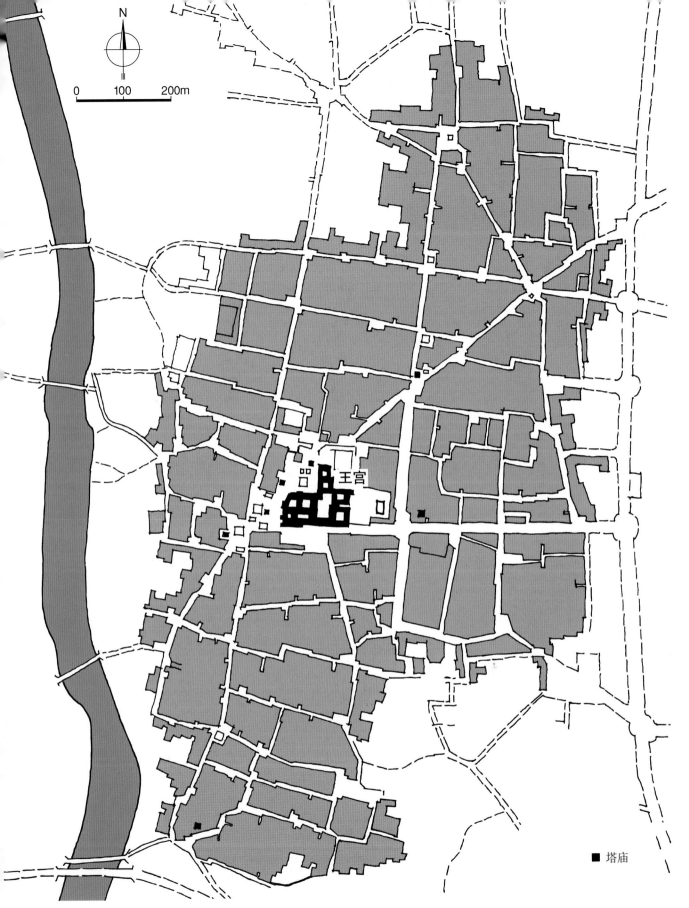

王宫

■ 塔庙

筑进行了清理，但很多又在2015年的地震中遭受重
乃至倒塌。

　　基址上王宫的建造可上溯到3世纪离车家族（Lic-
avi）统治时期，但因经过多次大规模更新改造，

这时期的遗迹已很难寻觅。城市在马拉王朝国王拉特
纳·马拉（1484~1520年在位）治理下取得独立地位，
广场上的王宫遂成为王朝历代国王的宫邸。1769年沙
阿王朝国王普里特维·纳拉扬沙入侵谷地后也把这里

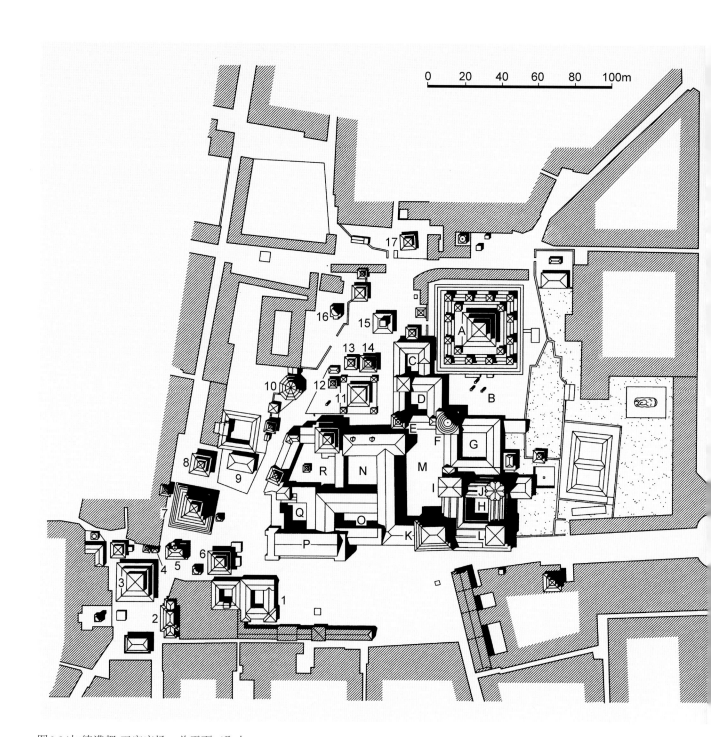

图6-94加德满都 王宫广场。总平面（取自KORN W. The Traditional Architecture of the Kathmandu Valley, 2014年），图中：A、塔莱尤神庙；B、特里舒尔宫院；C、孙达理宫院；D、默汉宫院；E、阿加马切姆神庙；F、哈努曼神庙；G、穆尔宫院；H、洛汉宫院；I、尔蒂普尔塔楼；J、巴克塔普尔塔楼；K、加德满都塔楼；L、帕坦（拉利特普尔）塔楼；M、纳萨尔宫院；N、达卡宫院；O、拉莫院；P、加迪堂；Q、赫努塔琴宫院；R、马桑宫院（以上为王宫区）；1、库玛莉·巴哈尔祠庙；2、卡温托罗补罗；3、木阁（独木庙）；4、比纳亚克神庙（迦内沙神庙）；5、拉克什米-纳拉扬客栈；6、特赖洛基亚·默汉·纳拉扬神庙；7、默久·德沃尔祠庙；8、纳拉扬楼；9、湿婆-帕尔瓦蒂（雪山神女）神庙；10、克里希纳神庙（八角庙）；11、杰根纳特神庙；12、德古特莱神庙；13、因陀罗补罗庙；14、克里希纳神庙；15、卡盖斯沃拉大自在天庙；16、科蒂林盖斯沃拉大自在天庙；17、摩诃陀罗神庙

作为他的宫殿，一直到1896年，其继承人才迁往市内的纳拉扬·希蒂宫。

　　尽管没有涉及王宫广场历史的确切文献记载，

但一般认为，广场上宫殿的建造可上溯到桑卡拉沃统治时期（1069~1083年）。现存广场上最早的庙，包括杰根纳特神庙（图6-95~6-97；杰根纳特

）图6-95加德
邻 王宫广场。杰
内特神庙（17世
，西南侧，地段

）图6-96加德满
王宫广场。杰根
特神庙，自东南方
望去的景色，两侧
景处分别为平面八
形和方形的两座克
希纳神庙

（湿奴形态之一）、科蒂林盖斯沃拉大自在天庙、
诃陀罗神庙和塔莱久神庙，均建于摩诃陀罗·马拉
1560~1574年在位）时期。其中塔莱久神庙为一

栋带三层屋顶的砖构建筑，建于1564年，立在三阶
基台上，采用了典型的尼瓦尔建筑风格（图6-98~
6-102）。在接下来的三代国王任内，除了湿婆希

（上下两幅）图6-97加德满都 王宫广场。杰根纳特神庙，西立面现状

摩·马拉（1578~1619年在位）时期建的德古特莱神（图6-103）和拉克斯米·纳尔辛格（1619~1641年位）任上对宫殿进行的某些改造外，广场上再没有添新的重要工程。

在拉克斯米·纳尔辛格的儿子普拉塔普·马拉统期间，广场进行了大规模扩建。这是位有渊博学和热爱艺术的君主（据传会15种语言），登位后当扩建宫殿并在广场上新建了一批祠庙和窣堵坡。殿工程包括增加了一个装饰华丽、采用尼瓦尔风的新入口（之后被改造成默汉宫院的大门）；入前布置作为军队和王室保护神的神猴哈奴曼雕像由此通向举行重要礼仪活动的纳萨尔宫院[因舞神萨迪亚（Nasadya）而名，院内设加冕台，图6-1046-105]。1650年，他下令建造默汉宫院，作为王室住区及珍宝存放处所。北面的孙达理宫院大约同创建。1649年，又建成了广场上平面八角形、底层围廊、上置三重檐的克里希纳（黑天）神庙，以献给他的两位于该年去世的印度藉妻子（图6-106建筑毁于2015年地震）。在默汉宫院，建了带三个顶的阿加马切姆神庙（图6-107）和一个配有五个顶的独特祠庙。在修复了穆尔宫院后，接着为北的塔莱久神庙增添了金属大门（1670年），同时建了位于广场北面供奉湿婆的因陀罗补罗祠庙（6-108）。另在广场南面城市早期的主要交叉路

（上）图6-98加德满都 王宫
场。塔莱久神庙（1564
，东北侧地段全景（为
德满都谷地第一座超过两
的建筑）

（下）图6-99加德满都 王宫
场。塔莱久神庙，北侧，
景色

建了一个名卡温托罗补罗的亭阁，内置舞神湿婆。附近的木阁（独木庙，Kāṣṭhamaṇḍapa）标志着市的中心点。可能建于1100年左右的这座木阁（图09~6-112）是尼泊尔按传统风格建造的最大和最老的建筑（尽管经过修复），城市之名（加德满，Kathmandu）据说即由此而来。庙北面金色的比

纳亚克神庙内置象头神迦内沙雕像（图6-113）。接下来供奉湿婆的默久·德沃尔祠庙系1692年左右普拉塔普·马拉的遗孀拉迪拉斯米斥资建造，是个立在陡峭的九阶方形基台上、带三层屋顶的庙宇，为广场上最高的建筑（图6-114~6-120）。

属这一时期的其他工程还包括孙达理宫院内带

图6-102加德满都 王宫广
场。塔莱久神庙，墙面
饰细部

金色喷泉的水池，以及大量的花园、石雕、水渠等。1674年普拉塔普·马拉去世后，广场建设的势头放缓。这期间的项目主要有1679年帕尔蒂文陀罗·马拉建造的供奉毗湿奴的特赖洛基亚·默汉·纳拉扬神庙（图6-121、6-122）和10年后在前方增添的大鹏金翅鸟迦鲁达雕像（图6-123），以及立在塔莱久神庙前的一根带有家族雕像的纪念柱。

普拉塔普·马拉之子布帕伦陀罗·马拉登位后年早逝，其遗孀为他在广场上建了一座采用尼瓦风格的祠庙（卡盖斯沃拉大自在天庙，图6-124 6-125）。1934年地震后人们对祠庙进行了修复，采用了和尼瓦尔风格不甚协调的顶塔。

（上）图6-103加德满都 王
宫广场。德古特莱神庙,现状

（下）图6-104加德满都 王
宫广场。王宫,纳萨尔宫
东南角景色,可看到洛
汗院的三座塔楼（见总平
面图6-94）

本页及左页：

（左）图6-105加德满都 王宫广场。王宫，纳萨尔宫院，东北角，哈奴曼神庙现状

（中上）图6-106加德满都 王宫广场。克里希纳（黑天）神庙，东南侧景色（八角形平面，位于广场道路西侧）

（右上）图6-107加德满都 王宫广场。默汉宫院，阿加马切姆神庙，西侧外观

（中下）图6-108加德满都 王宫广场。因陀罗补罗祠庙，西北侧景色（位于广场道路东侧，左为采用方形平面的克里希纳神庙）

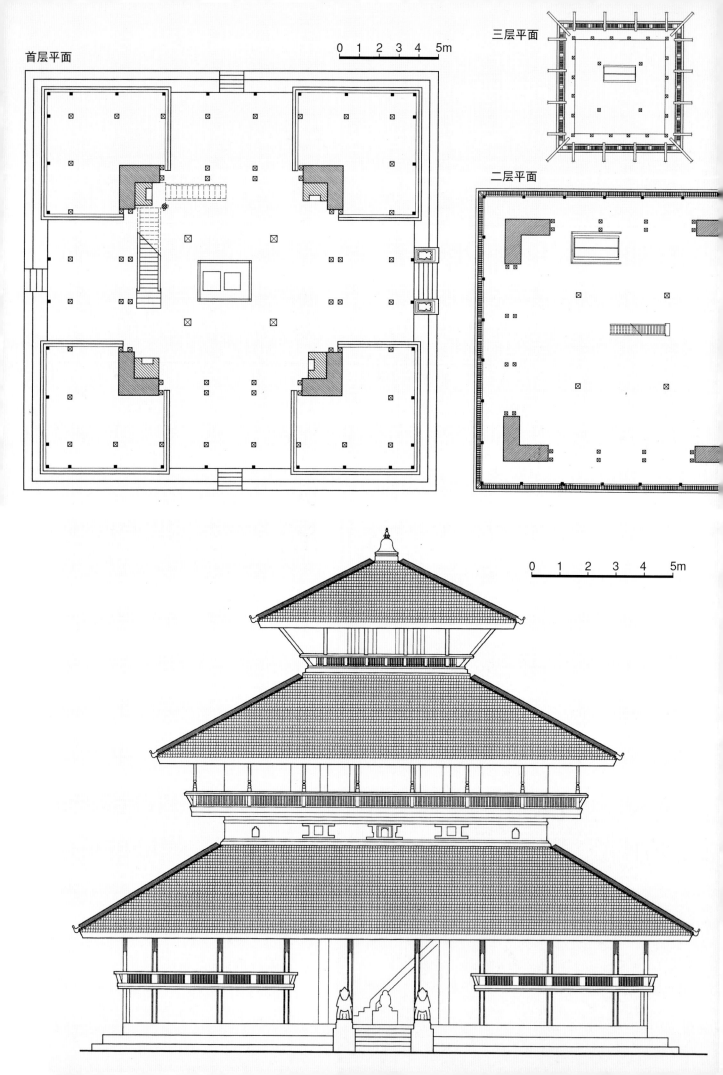

首层平面

三层平面

二层平面

0 1 2 3 4 5m

0 1 2 3 4 5m

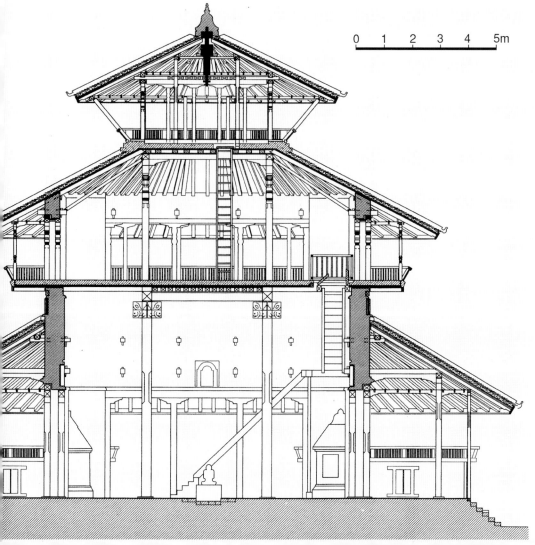

0 1 2 3 4 5m

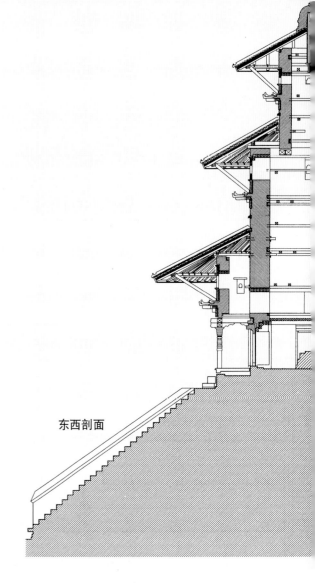

东西剖面

本页及右页：

（左上）图6-113加德满都 王宫广场。比
纳亚克神庙（迦内沙神庙），现状，近景

（左下）图6-114加德满都 王宫广场。默
久·德沃尔祠庙，平面（局部，取自KORN
W. The Traditional Architecture of the Kath-
mandu Valley，2014年）

（右上）图6-115加德满都 王宫广场。默
久·德沃尔祠庙，立面及剖面（取自KORN
W. The Traditional Architecture of the Kath-
mandu Valley，2014年）

（右下）图6-116加德满都 王宫广场。默
久·德沃尔祠庙，南侧，地段全景

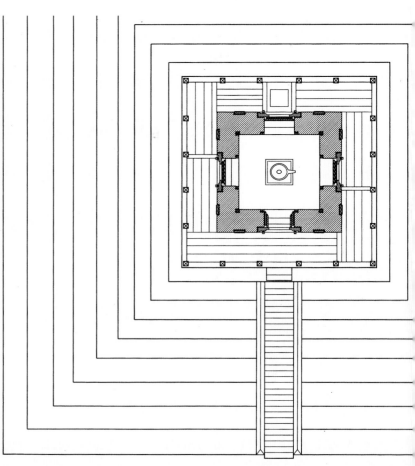

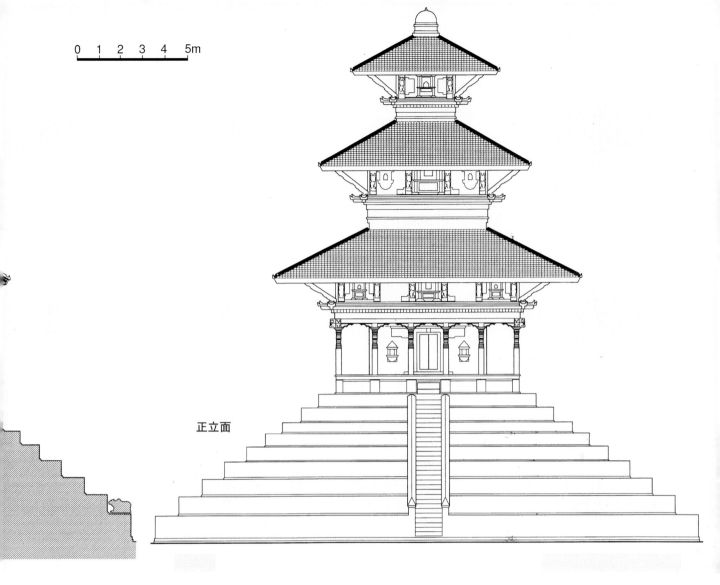

0 1 2 3 4 5m

正立面

图6-117加德满都 王宫
场。默久·德沃尔祠庙，
南侧，全景

在马拉王朝末代国王阇耶普拉卡什·马拉统治期间，仅建了位于广场南部的库玛莉·巴哈尔祠庙（图6-126、6-127）。这是一座典型的尼瓦尔顶塔式建筑，供奉作为活女神时的杜尔伽。

在接下来的沙阿王朝（Shah Dynasty）时期，国王普里特维·纳拉扬沙在洛汉宫院（图6-128~6-131）

周围建造了四座红色塔楼，分别以谷地的四座古城名，即加德满都塔楼、基尔蒂普尔塔楼、巴克塔普塔楼和帕坦（拉利特普尔）塔楼。加德满都塔楼位纳萨尔宫院东南角，高九层配有四个屋顶（下面三为尼瓦尔农舍风格，上部采用同样风格的窗户）。

广场上其他建筑中，值得一提的还有位于王宫

（上）图6-118加德满都
宫广场。默久·德沃
司庙，东北侧景观

（下）图6-119加德满都
宫广场。默久·德沃
司庙，屋檐近景

（上）图6-120加德满者
宫广场。默久·德沃／
庙，挑腿细部

（下）图6-121加德满者
宫广场。特赖洛基亚
汉·纳拉扬神庙，北侧全景
筑已于2015年地震中倒

（上）图6-122加德满都宫广场。特赖洛基状汉·纳拉扬神庙，侧景色

（下）图6-123加德满都宫广场。大鹏金翅鸟达雕像（摄于2015震后，可看到周围的祠庙）

本页及右页：

（左上）图6-124加德满
王宫广场。卡盖斯沃拉
在天庙，西北侧景色

（左下）图6-125加德
王宫广场。卡盖斯沃拉
在天庙，南立面景观

（中上）图6-126加德
王宫广场。库玛莉·巴
祠庙，外景

（右上）图6-127加德
王宫广场。库玛莉·巴
祠庙，内院景色

（右下）图6-128加德
王宫广场。洛汉宫院，
侧，地段俯视全景[自
右可依次看到加德满
楼、帕坦（拉利特普尔）
楼、巴克塔普尔塔楼及
远方的塔莱久神庙]

宫院西翼（该翼底层现为出售纪念品的店铺，上为祠庙，图6-132）对面的湿婆-帕尔瓦蒂（雪山神）神庙。这是个本身配有三层高台大面朝南的坡顶筑，位于广场西面的一个不规则的四边形平台上图6-133~6-136）。其西面的纳拉扬塔楼已在2015年的地震中坍毁（毁前照片：图6-137）。

在加德满都，除王宫广场外，位于老城区六条街道交会处的因陀罗广场是另一个兼有礼仪活动和市场职能的这类场地，其主要建筑天神庙位于广场西侧（图6-138、6-139）。

13

（上）图6-135加德满都
宫广场。湿婆-帕尔瓦蒂
庙，西南侧俯视景色（自
久·德沃尔祠庙上望去的情景

（下）图6-136加德满都
宫广场。湿婆-帕尔瓦蒂
庙，雕饰细部

）图6-137加德满都 王
场。纳拉扬塔楼，东南
观（已于2015年地震中
）

）图6-138加德满都 因
广场。天神庙，现状

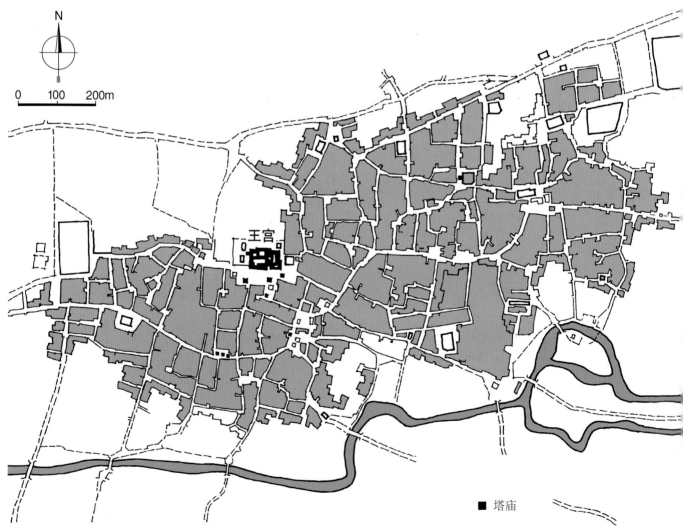

■ 塔庙

本页：

上）图6-139加德满都 因陀罗广场。天神庙，雕饰细部

下）图6-140巴克塔普尔 古城。总平面（取自KORN W. The Traditional Newar Architecture of the Kathmandu Valley，The Sikharas，2014年）

右页：

上）图6-141巴克塔普尔 达特塔雷耶广场。全景

下）图6-142巴克塔普尔 达特塔雷耶广场。现状，对景为广场主要建筑——达特塔雷耶祠庙（客栈）

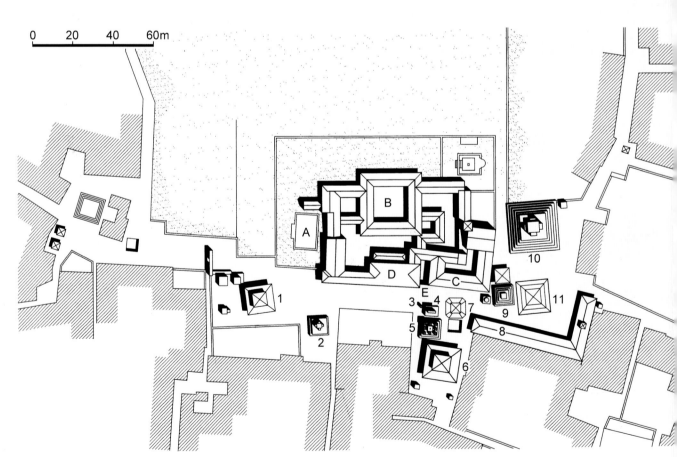

[巴克塔普尔：王宫广场群]

城市位于加德满都以东13公里处（图6-140）。广场群所在地海拔1400米，位于巴克塔普尔王国（Bhaktapur Kingdom）老王宫前，由四个广场组成，即王宫广场、陶马迪广场、达特塔雷耶广场（图6-141、6-142）和陶器广场（图6-143）。其中最主要的是王宫广场（图6-144~6-150）。

广场上的王宫在1934年地震中受到很大破坏。宫殿正门——金门位于东侧的55窗宫和宫殿西翼之间，是这类建筑中装饰最华美的实例，因镀金的铜门框、山花及屋面而名（图6-151~6-153）。门上安置印度教女神卡莉和大鹏金翅鸟迦鲁达雕像。英国著名艺术史家珀西·布朗认为在国王伦吉特·马拉统治期间建造的这座门是整个王国最杰出的艺术作品。相邻的宫殿西翼现为尼泊尔国家艺术馆（National Art Gallery，图6-154~6-157）。

宫殿主要建筑55窗宫建于马拉王朝国王布帕廷陀罗·马拉（1696~1722年在位）时期，但直到1754年他的儿子任上才完成（图6-158~6-161）。砖构宫殿上层配有带雕饰的木窗。宫殿北面的塔莱久宫院属宫中最隐秘的处所（图6-162）。西面带水池的孙达理宫院则是国王举行宗教仪式沐浴的庭院（水池中央立圣蛇铜像）。

金门南面对着位于柱子上的布帕廷陀罗·马拉国王雕像，这是广场上诸多雕像中最宏伟的一个（图6-163、6-164）。南面的帕舒珀蒂祠庙是座平面方形带两层屋顶的建筑，为谷地内最古老祠庙之一，其历

及左页：

（上）图6-143巴克塔普尔 陶器广场。现状

（下）图6-144巴克塔普尔 王宫广场。总平面（取自KORN W. Traditional Architecture of the Kathmandu Valley, 2014年），图中A、孙达理宫院；B、塔莱久宫院；C、55窗宫；D、国家博□；E、金门（以上为王宫区）；1、克里希纳神庙；2、凯达尔□神庙（摩诃提婆神庙）；3、布帕廷陀罗·马拉国王雕像柱；□钟亭；5、瓦查拉·杜尔伽神庙；6、帕舒珀蒂祠庙；7、切亚西□阁；8、哈里尚卡尔庙堂（客栈）；9、西迪·拉克斯米神庙；□法西德加庙塔；11、罗摩湿婆庙

（上）图6-145巴克塔普尔 王宫广场。19世纪中叶景色[彩画，□年，作者Henry Ambrose Oldfield（1822~1871年）；向东面望□景色，画面左侧近景为王宫金门，右侧两座建筑分别为切亚□林柱阁和钟亭]

（上）图6-146巴克塔普尔 王宫广场。20世纪初景色（老照片，□年；向西面望去的景色，照片中央为切亚西林柱阁；左侧近□为哈里尚卡尔庙堂（客栈），远处可看到当时尚存的瓦查拉·杜□神庙；右侧前景为西迪·拉克斯米神庙的阶台雕刻，远处为王宫）

对页：

（上）图6-147巴克塔普尔 王宫广场。向东望去的景色，左侧前为现国家艺术馆入口边的石狮，背景自左至右分别为布帕廷陀罗·马拉国王雕像柱及后面的钟亭、瓦查拉·杜尔伽神庙（已于15年地震中倒塌）和帕舒珀蒂祠庙

（下）图6-148巴克塔普尔 王宫广场。向东望去的景色（左侧为王及金门，其他建筑参照上图说明）

本页：

（上）图6-149巴克塔普尔 王宫广场。向东望去的景色（左侧为王宫及金门，远处耸立着西迪·拉克斯米神庙的高塔，左侧自前至后分别为布帕廷陀罗·马拉国王雕像柱、钟亭及切亚西林柱阁）

（下）图6-150巴克塔普尔 王宫广场。向北望去的情景（背景自左至右分别为国家艺术馆、金门及55窗宫，对着金门的是布帕廷陀罗·马拉国王雕像柱，以及它西面的钟亭及瓦查拉·杜尔伽神庙）

（上）图6-151巴克塔普尔 王宫广场。王宫，金门及55窗宫，西景色（线条画，取自KORN W. Traditional Architecture of the Kathmandu Valley, 2014年）

（下）图6-152巴克塔普尔 王宫广场。王宫，金门，立面全景

（上下两幅）图6-153巴克塔普尔
宫广场。王宫，金门，山面镀
铜饰细部

本页：

（上）图6-154巴克塔普
王宫广场。王宫，西翼（国
家艺术馆）全景

（中）图6-155巴克塔普
王宫广场。王宫，西翼，北
段立面现状

（下）图6-156巴克塔普
王宫广场。王宫，西翼，南
段立面现状

右页：

（上）图6-157巴克塔普
王宫广场。王宫，西翼，国
家艺术馆入口，近景

（下）图6-158巴克塔普
王宫广场。王宫，55窗宫，
东南侧，现状

史可上溯到15世纪（图6-165、6-166）。广场西面的
克里希纳神庙与之类似，唯规模较小，装饰更为简朴
（图6-167）。帕舒珀蒂祠庙北侧的瓦查拉·杜尔伽神
庙是座位于三层基台上底层绕以回廊的顶塔式建筑
（图6-168~6-171；平面、立面及剖面另见图6-239、
6-240），全部以砂岩砌筑，类似帕坦的克里希纳祠
庙。建筑始建于1696年，17世纪末或18世纪初重建，
可惜毁于2015年的地震。位于宫殿东南角的西迪·拉
克斯米神庙是另一座雕饰精美的石砌顶塔式祠庙（图
6-172~6-174）。正面凸出的门廊上立楼阁式顶塔，
台阶两侧由成对的神兽护卫。位于王宫广场西端的
凯达尔神庙是座类似的供奉湿婆的顶塔式祠庙，唯

本页:

（上）图6-159巴克塔普

王宫广场。王宫，55窗

近景

（下）图6-160巴克塔普

王宫广场。王宫，55窗

墙面装修细部

右页:

（上下两幅）图6-161巴克

普尔 王宫广场。王宫，

窗宫，顶层雕饰细部

（本页上）图6-162巴克塔普尔
宫广场。王宫，塔莱久宫院，
近景

（本页下及右页）图6-163巴
普尔 王宫广场。布帕廷陀罗·[...]
国王雕像柱，地段全景：下[...]
幅摄于2015年地震之前（照片
侧的瓦查拉·杜尔伽神庙尚耸[...]
那里）；右页一幅摄于地震之[...]
（左侧远处高塔为西迪·拉克[...]
神庙，雕像柱后为钟亭及切亚[...]
柱阁；右侧照片外的瓦查拉·[...]
伽神庙仅剩基台）

主体部分砖构，且于开敞式祠堂各面均设门廊（图
6-175~6-177）。

王宫广场上其他值得一提的建筑尚有位于广场东
南角的哈里尚卡尔庙堂（客栈，为一高两层底层设柱
廊的木构建筑，图6-178），广场东北的法西德加庙
塔（一个位于数层高阶台上的砖构塔庙，图6-179、
6-180）和位于55窗宫南面的切亚西林柱阁（一座高
三层的木构阁楼，图6-181~6-183）。

陶马迪广场（图6-184~6-186）位于王宫广场以
南约150米处。广场上的五层庙（象征最基本的五
要素）是尼泊尔最大和最高的宝塔式祠庙（高约30
米），也是这种类型最完美的实例（图6-187~6-191）。
广场东面的拜拉瓦·纳特神庙是一栋带三层屋顶的
塔式庙宇，供奉城市保护神、湿婆的毁灭相拜拉瓦
（Bhairava，图6-192~6-196）。祠庙虽然没有五层庙
那么高，但体量较大，两者相互应和，皆为广场上的
主要建筑。

[客栈及住宅]

在加德满都谷地，最普遍的公共建筑是为游客和
朝圣者服务的客栈[dharmaśālās，在尼泊尔称sattals，
系由梵文sattra（济贫院）演变而来]。其形式可从最
简单的路边居所到前述加德满都高三层的木阁（独
木庙）。最简单的客栈（尼泊尔语称pāṭī，尼瓦尔语
phale或phalacā）平面几乎总是矩形，由一个平台和

一个立在柱子上的两坡或四坡瓦屋顶组成；如果不
四面围合的话，至少也有一道后墙。柱厅可视为一
特殊的客栈类型，平面几乎总是方形，完全不设

这类柱厅通常仅有一层，大都不在大道边，而是于村落或城镇内。

客栈本身一般不止一层，多的可有四层，上层设大量的柱子。底层通常都纳入一个祠堂，有时甚至设有店铺。从马拉王朝国王阁耶亚克夏·马拉（1428～1482年在位）在其都城巴克塔普尔（巴德

本页：

（上）图6-164巴克塔普尔 王宫广场。
帕廷陀罗·马拉国王雕像柱，柱头及■
细部

（下）图6-165巴克塔普尔 王宫广场。
舒珀蒂祠庙（15世纪），西北侧景色
于2015年震后，左为瓦查拉·杜尔伽神
的残留基台）

右页：

（右上）图6-166巴克塔普尔 王宫广场
舒珀蒂祠庙，立面近景

（下）图6-167巴克塔普尔 王宫广场。
希纳神庙，东立面（入口面），外景

（左上）图6-168巴克塔普尔 王宫广场
查拉·杜尔伽神庙（1696年，17世纪■
18世纪初重建，毁于2015年地震），内
天棚结构示意（取自KORN W. The Tr■
tional Newar Architecture of the Kathma■
Valley，The Sikharas，2014年）

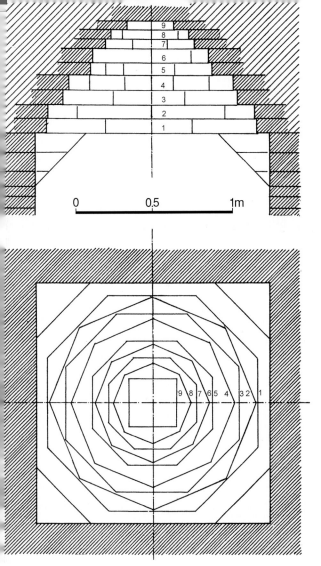

岗）建造的达特塔雷耶客栈可看到这类建筑在使用上的灵活性和在社会生活中的重要地位，原为客栈的这座建筑后被改造成为神庙（图6-197~6-199）。加德满都谷地高三层的拉克什米-纳拉扬客栈同样也由于增建了祠堂，从而具有了宗教的职能（图6-200、6-201）。

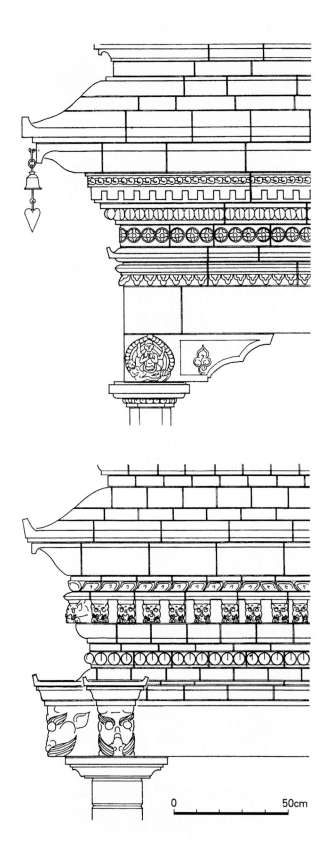

　　在早期城市里占主导地位的尼瓦尔族居民的标准住宅大都围绕着家居活动的中心——内院展开。建筑砖构，通常高三层。每层皆有不同的功能，因而处理方式亦不同。立面空间布局尽管主要取决于功能和技术要求，但人们仍不忘从美学效果出发，充分利用虚

本页及左页：

（左）图6-169巴克塔普尔 王宫广场。祠堂和顶塔之间屋顶式线脚
的运用（取自KORN W. The Traditional Newar Architecture of the
Kathmandu Valley, The Sikharas, 2014年）：上、瓦查拉·杜尔伽神庙
（石构）；下、凯达尔湿婆神庙（摩诃提婆神庙，陶土制作）

（中）图6-170巴克塔普尔 王宫广场。瓦查拉·杜尔伽神庙，西南
侧全景

（右）图6-171巴克塔普尔 王宫广场。瓦查拉·杜尔伽神庙，西立
面景观

本页及右页：

（左上）图6-172巴克塔普
尔 王宫广场。西迪·拉克
斯米神庙，南侧现状

（左下）图6-173巴克塔普
尔 王宫广场。西迪·拉克
斯米神庙，西南侧景观

（中上）图6-174巴克塔普
尔 王宫广场。西迪·拉克
斯米神庙，入口阶台近景

（右上）图6-175巴克塔
普尔 王宫广场。凯达尔
湿婆神庙（摩诃提婆神
庙），东侧地段全景（右
侧分别为克里希纳神庙和
西面进入广场的大门）

（右下）图6-176巴克塔普
尔 王宫广场。凯达尔湿
婆神庙，东侧近景

（中下）图6-177巴克塔普
尔 王宫广场。凯达尔湿
婆神庙，塔基砖雕细部

（上）图6-178巴克塔普尔
王宫广场。哈里尚卡尔庙
（客栈），北翼外景

（下）图6-179巴克塔普尔
王宫广场。法西德加庙
远景（前景为罗摩湿婆庙
台上的一对石狮）

实的对比。第一层通常通过柱廊采光，后者形成阴影区；第二层实墙增多，充分反射光线。平整的墙面通过窗户注入生气，后者是尼泊尔建筑中的典型部件，以加工精美著称。窗户设金属格栅，宽大的外框为木构，侧柱向外凸出，配有甚大的上檐和小得多的下檐；有时还另加曲线条带，饰以人物雕刻。第三层成另一个阴影区，由一系列雕饰华美的梁架支撑上部的坡屋顶。

（上）图6-180巴克塔普尔
宫广场。法西德加庙塔，
侧全景

（下）图6-181巴克塔普尔
宫广场。切亚西林柱阁，
侧，地段形势（背景为55
宫，左侧可见布帕廷陀
马拉国王雕像柱及钟亭）

[建筑构造及装饰]

　　加德满都谷地内的传统建筑，无论是宫殿、寺、祠堂，或是特定的社团建筑（如客栈）和私人住，均为带坡顶和瓦屋面的砖木结构。更考究的建筑还用了金属（通常是铜）作为屋面的顶饰、木浮雕的贴面及公共喷泉的喷嘴。在尼泊尔，人们对装饰的喜爱——特别是对光线和造型效果的追求——显然要胜过对结构问题的考量（世俗建筑上尤其如此）。人们

图6-182巴克塔普尔 王宫广
切亚西林柱阁,西北侧全景

对主要建筑的窗户和大门这类细部常常给予格外的关注（如巴克塔普尔的金门）；即便是以实用功能为主的建筑（如喷泉），在细部处理上也毫不含糊。木柱、带复杂雕饰的门窗框、图案优美的阳台栏板和窗花，皆为习用的建筑部件（图6-202~6-204）。建筑底层平面通常为方形，入口朝向街道时，大都

围着院落布置。窣堵坡（caityas）和"宝塔式"神庙（"pagoda" temple）或在类似的院落里，或作为立建筑位于街道边或宫殿前的觐见广场上。连在一的房舍、带铺地的街道和院落，构成了典型的尼瓦城市景观。大量的木雕，和尼瓦尔人喜用的位于木上的高架房屋、带屏栏的阳台及两三层的房舍一起

（）图6-183巴克塔普尔
广场。切亚西林柱阁，
侧近景

（）图6-184巴克塔普尔
迪广场。俯视全景（自
方向望去的景色）

成为加德满都谷地城市的一道独具的风景，为次大陆其他地方所不见。

　　对尼瓦尔建筑来说，不仅所有的类型都采用了同样的材料，同时也采用了同样的建造方式。特别值得注意的是，它和完全采用木结构的印度早期建筑之间具有惊人的相似之处（当然，对后者，人们目前的知识来源仅限于浮雕和石窟寺的结构造型），只是在凉廊和木隔板的具体形式和结构上可能有所不同，而在世俗和宗教建筑之间的表现则大同小异。与结构特征

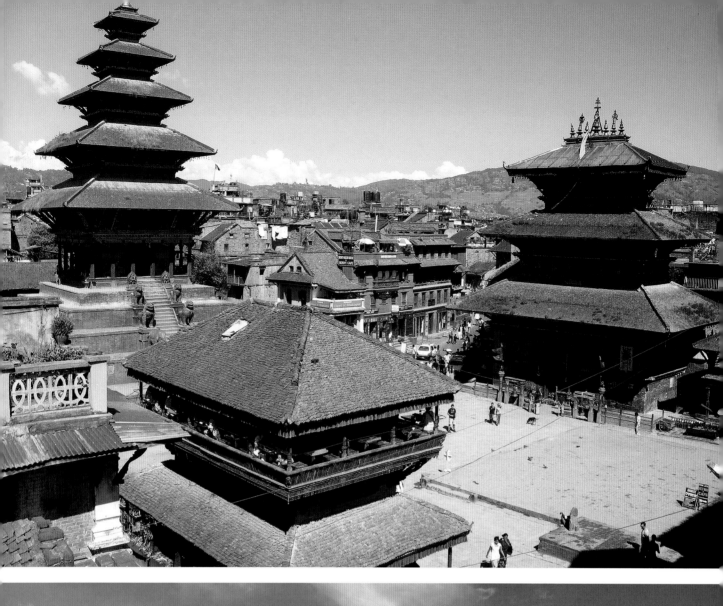

）图6-185巴克塔普尔 陶马迪广场。俯
景色（自西南方向望去的全景，对面左
万栋建筑分别为五层庙及拜拉瓦·纳特
面）

）图6-186巴克塔普尔 陶马迪广场。自
南方向望去的景色

页：

）图6-187巴克塔普尔 陶马迪广场。五
庙，远景（建筑在城市廓线上显得非常
出，背景为喜马拉雅山）

）图6-188巴克塔普尔 陶马迪广场。五
庙，西南侧全景

紧密联系乃至由其决定的尼瓦尔建筑的装饰，各处也基本相同，仅根据建筑的重要性，或宗教、图像的要求有所变化。除了坡顶瓦屋面外，普遍采用木构门窗楣梁（有时也包括窗台板和门槛）是尼泊尔建筑另一个最普遍的特色。它们嵌入砖墙内并超出侧柱，向外凸出。主要神庙不同寻常的所谓"翼形"大门可视为这种形式的一种极端表现（如加德满都的杰根纳特神庙，见图6-97）。在尼瓦尔建筑中引人注目的挑檐

本页及左页：

（左）图6-189巴克塔普尔 陶马迪广场。五层庙，南立面现状

（中上）图6-190巴克塔普尔 陶马迪广场。五层庙，西南侧仰视近景

（中下）图6-191巴克塔普尔 陶马迪广场。五层庙，台阶，护卫神兽群雕

（右）图6-192巴克塔普尔 陶马迪广场。拜拉瓦·纳特神庙，19世纪中叶景观（彩画，作者Henry Ambrose Oldfield，1852年）

本页及左页：

（右两幅）图6-193巴克塔普尔
陶马迪广场。拜拉瓦·纳特神
庙，地段全景（建筑位于广场东
侧；上、2015年地震前拍摄；
下、震后摄（南侧建筑已毁）

（左上）图6-194巴克塔普尔 陶
马迪广场。拜拉瓦·纳特神庙，
西立面，现状

（左下）图6-195巴克塔普尔 陶
马迪广场。拜拉瓦·纳特神庙，
顶部及檐部，近景

（上）图6-196巴克塔普尔 陶
马迪广场。拜拉瓦·纳特神庙，
立面及窗饰细部

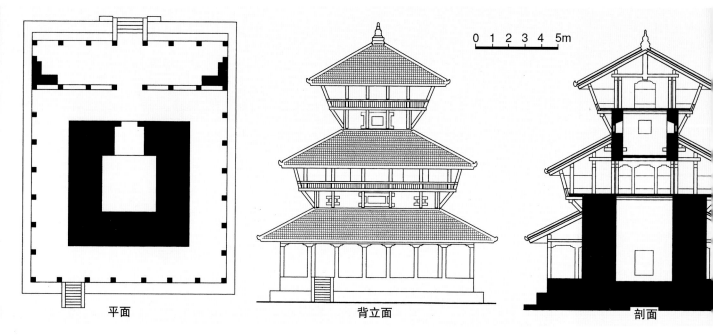

平面　　　　　　　　　背立面　　　　　　　　剖面

（上）图6-197巴克塔普尔
塔雷耶广场。达特塔雷耶客
平面、立面及剖面（取自K(
W. The Traditional Architectu
the Kathmandu Valley, 2014

（下）图6-198巴克塔普尔
塔雷耶广场。达特塔雷耶客
现状，全景

支腿（tuṇālas，上面大都雕有神祇立像、其坐骑或随从）往往自挑檐处延伸到悬挑的椽子端头。它们最初可能是用来支撑外挑的沉重盖瓦屋面（瓦片通常都坐在黏土上）。

特别令人感兴趣的是，这些尼泊尔建筑可能反了近两三百年前印度建筑大门的古风样式。挑出的

）图6-199巴克塔普尔 达特
耶广场。达特塔雷耶客栈，
长

）图6-200加德满都 拉克什
纳拉扬客栈。平面（取自
RN W. The Traditional Archi-
ure of the Kathmandu Valley,
4年）

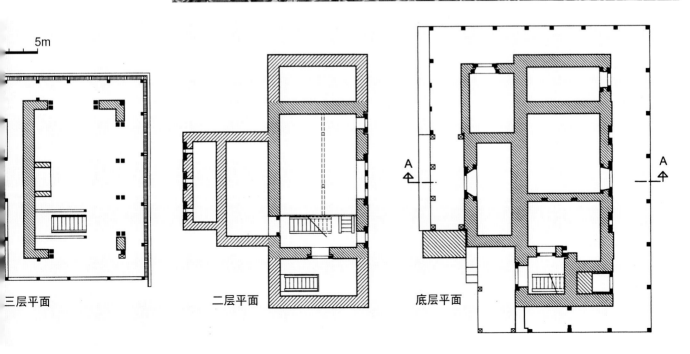

5m

三层平面   二层平面   底层平面

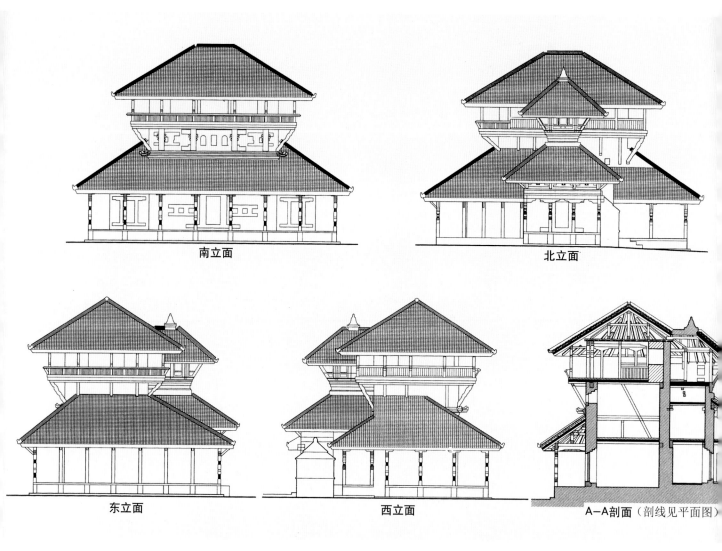

南立面　　　　　　　　　　　　　　北立面

东立面　　　　　　　　西立面　　　　　　A－A剖面（剖线见平面图）

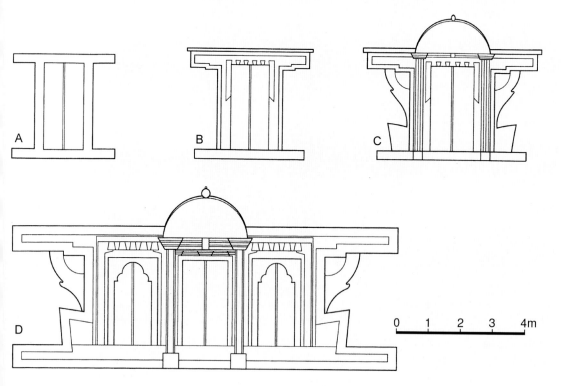

0　1　2　3　4m

本页：

（上）图6-201加德满都 拉
什米-纳拉扬客栈。立面及剖
面（取自KORN W. The Tra
tional Architecture of the Ka
mandu Valley, 2014年）

（下）图6-202尼泊尔 各类
的形式（取自KORN W. T
Traditional Architecture of
Kathmandu Valley, 2014年）

右页：

图6-203尼泊尔 各类窗的形
（取自KORN W. The Trac
tional Architecture of the Ka
mandu Valley, 2014年）

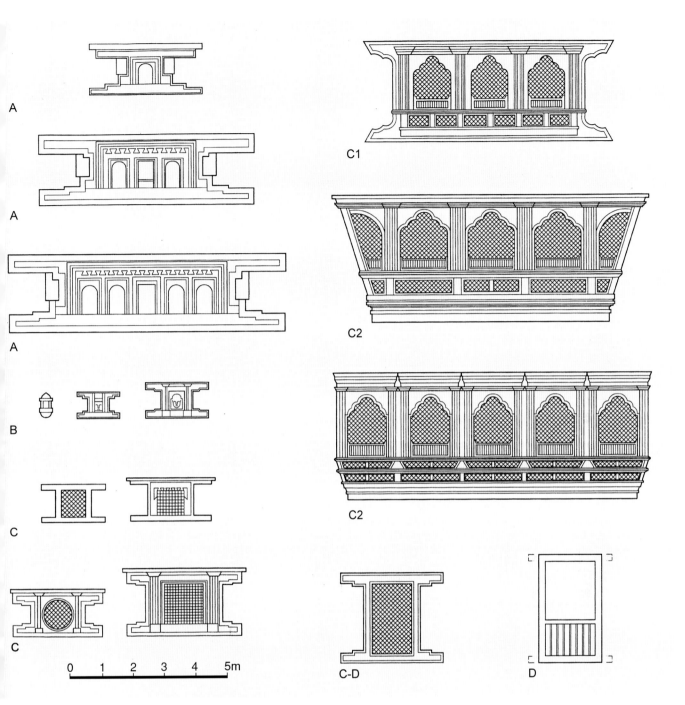

A

A

A

B

C

C

0 1 2 3 4 5m

C1

C2

C2

C-D

D

可上溯到贵霜帝国时期，在笈多时期的神庙里亦为准做法。某些大门楣梁和侧柱的母题，如狮头状的端，在印度本土则可追溯至犍陀罗或笈多时期的神建筑。在许多宝塔式神庙大门上可清晰辨认的环绕框内侧的锯齿状图案同样见于某些笈多时期的神庙阿旃陀石窟，只是此后在印度东部地区这种样式仅续了很短时间。笈多和后笈多时期"交替三角形"图案母题至少见于一个神庙的大门；雕成人形（最是药叉女yakṣīs）的挑腿则可追溯到桑吉大塔。只所有这些母题，除最后一项外，到公元1000年左，在印度均消失无存。在尼泊尔所有的木雕形式

中，最精美的无疑是早期呈药叉女造型的支腿（如帕瑙蒂的因陀罗大自在天神庙的木雕，可能属13或14世纪）。除了在孟加拉国达卡发现的木雕作品外，在次大陆还没有哪些木雕可与之相比。之后药叉女雕像大多演变成多臂的造型（手臂系分别添加）。

三、宗教建筑

[窣堵坡]

在加德满都谷地，除许多重要的大型窣堵坡外，还有散布在许多寺院内具有还愿性质的小型石砌窣堵

（上）图6-204巴克塔□
孔雀窗

（下）图6-205帕坦 皮□
赫沃。南寺及窣堵坡（□
为公元前3世纪），遗址珇□

坡[当地称为阿育王支提（Ashok caityas）]。帕坦的
四座位于正向的窣堵坡据信是年代最早的这类古迹。
早期的这批窣堵坡为砖砌，沿袭阿育王时期那种较矮

的覆钵顶形式（尽管尚没有发现年代这么早的实物□
据），只是这些窣堵坡大多经过多次修复且多数都□
法准确断代。和斯里兰卡一样，尼泊尔的窣堵坡此□

图6-206帕坦 皮普勒
窣堵坡，遗存近景

图6-207帕坦 恰巴希
筑群。恰鲁玛蒂大窣堵
现状全景

一直未得到发掘。

在帕坦郊区，有的佛教建筑可能属公元前3世纪，其中最著名的是皮普勒赫沃窣堵坡（图6-205、6-206）和属恰巴希尔建筑群的恰鲁玛蒂大窣堵坡（图6-207、6-208）。据传恰鲁玛蒂是阿育王的女儿，她住在尼泊尔并大大推动了当地宗教活动的开展和大量宗教建筑的建设。

在印度建筑史上，窣堵坡占有极其重要的地位（尽管这种类型应被视为雕塑作品还是建筑尚有争议），而恰巴希尔窣堵坡则为研究这种形式在尼泊尔的变化提供了起点。尼泊尔这座窣堵坡下部完全沿袭其印度原型，接着于庞大的半球形穹顶上起硕大的实体平台（harmika），上承由13阶组成的角锥状塔刹（可视为一种顶塔的变体形式，以此替代习见的13个逐层减缩的圆环）。但平台被极其独特地处理成人的面部造型，彩绘的大眼尤为引人注目。

这些增添的内容也可以说并非偶然，而是完全合乎佛教的象征意义。13阶塔刹可能是代表十三天，另说是象征修行的十三层境界，亦可引申为通向悟道的漫长道路。平台上的眼睛（图6-209）一般认为是代表开悟后"无所不知"的佛，并和地方上早期的太阳崇拜相结合，象征佛眼无边（all-seeing eyes of Buddhahood）。鼻子是尼泊尔数字一，象征万物归一。只是对于眼睛的含义，各家看法未能完全统一。德国学者安德烈亚斯·福尔瓦森（1941年出生）更提出了另一种假设，认为这样的窣堵坡是表现"神我"。"神我"的概念本来自梵文（puruṣa，另译原人、士夫），有"人、男人、自我及灵魂"等意思。"神我"最早起源自《原人歌》，是宇宙的开端。这一传说后来经过转化，被当成生命的核心与轮回的主体，为古印度数论哲学的核心概念。佛教也受到这个思想的影响，用于教义探讨，并采纳了其中部分内容，尽管有一定程度的保留。鉴于在印度建筑里，人

本页及左页：

（左上）图6-211加德满都 布达纳特大窣堵坡。远景

（下）图6-212加德满都 布达纳特大窣堵坡。建筑群，全景照片

（右上）图6-213加德满都 布达纳特大窣堵坡。中央组群，现状（俯视）

体构造和建筑结构之间的联系非常紧密并在文献中有所反映。因此,这种说法或许也有一定的道理。

尼泊尔的窣堵坡就这样,在保持最初结构不变的同时,无论对基座还是穹顶(覆钵),都有自己独特的解读方式。例如,帕坦的所谓五窣堵坡,穹顶并非完美的半球形;特别在加德满都的两座窣堵坡——布达纳特窣堵坡和斯瓦扬布窣堵坡,表现尤为突出。

布达纳特大窣堵坡位于从印度平原通往西藏的主要商路上(直到19世纪它才为通过噶伦堡的一条更为便捷的道路取代),因此更多地受到西藏的影响。其基台由不同高度的巨大台地组成,和下部墙体的结合面向上凸起(图6-210~6-217)。上部穹顶(覆钵)较矮,如所有这类窣堵坡一样,低于半球形。同时以

安置在穹顶基部的小阿弥陀佛[4]造像代替了四个方佛。后期则如大多数大型窣堵坡那样,于覆钵顶部方形基座各面绘制了双眼。

位于加德满都西面谷地山丘上供奉五方佛(Five Tathāgatas)的斯瓦扬布窣堵坡,为尼泊尔佛教的重要祠庙和国家象征(图6-218~6-228)。它不仅受瓦尔佛教徒尊崇,也有藏传佛教徒参拜,是尼泊尔次于布达纳特的佛教道场。作为佛教寺庙,它同样到印度教徒崇拜。无数信仰印度教的君主曾经向该庙表示敬意,包括加德满都国王普拉塔普·马拉曾在17世纪建设了该寺庙的东侧阶梯)。

据《斯瓦扬布往世书》(Swayambhu Purana)说法,加德满都谷地以前是一个湖泊。有莲花在此

，谷地遂被称作"斯瓦扬布"（Swayambhu，意"自本源"），寺庙之名即由此而来。又因庙西北有大量猴，故俗称"猴庙"。据尼泊尔最重要的编年史书（《Gopālarājavaṃśāvalī》）记载，寺庙系由离车王朝（Licchavi）国王马纳提婆的曾祖父创建，时间大约在5世纪初（遗址上找到的一块损坏的碑文似乎也证

本页及左页：

（左及中）图6-216加德满都 布达纳特大窣堵坡。中央大塔，顶塔
近景

（右）图6-217加德满都 布达纳特大窣堵坡。罗萨节（Losar）期
间的祝福

本页：

（上）图6-218加德满都
瓦扬布窄堵坡。立面
自HARLE J C. The Art
Architecture of the Ind
Subcontinent，1994年）

（下）图6-219加德满都
瓦扬布窄堵坡。南侧外景

右页：

图6-220加德满都 斯瓦扬
窄堵坡。西北侧景色

图6-221加德满都 斯瓦窣堵坡。东南侧近景

实了这一点），因而属尼泊尔最早的宗教遗址之一。

斯瓦扬布窣堵坡的形制及构造被视为加德满都谷地这类建筑的标准样式。四个方位佛（Dhyāni Buddhas）立在各个主要朝向上，第五个毗卢遮那佛（Vairocana，俗称"大日如来"）高踞在方形平台上。除了以金属和象牙插件美化上部平台（harmikā）外，四个主要方位上布置了四块尖头壁板，上置五座禅坐佛像。上部顶塔由13个镀金的金属圆盘及上面的伞盖组成。2008~2010年由美国加利福尼亚西藏宁玛坐禅中心（Tibetan Nyingma Meditation Center California）提供资金全部翻修。这是自1921年之后的又一次大修，也是它自建成以后的第15次大修。塔圆顶用了20公斤黄金。

山上围绕大窣堵坡建有众多的小祠堂，顶上立长5英尺的铜制镀金雷电，成为日后谷地建筑大量用金属装饰的先兆并构成其亮点。通向它们的台阶边立成对的马匹、狮子、大象、孔雀和方位佛的坐大鹏金翅鸟（garuḍas，迦楼罗）的雕像。相邻山

（上）图6-222加德满都 斯瓦扬布
窣堵坡。西北侧，夜景

（下）图6-223加德满都 斯瓦扬布
窣堵坡。东侧，基部佛龛近景

图6-225加德满都 斯瓦扬布窣堵坡。西侧，上部近景

页：图6-224加德满都 斯瓦扬布窣堵坡。塔体近景

本页：

（上）图6-226加德满

斯瓦扬布窣堵坡。顶

细部

（下）图6-227加德满

斯瓦扬布窣堵坡。顶

尖头壁板小金佛细部

右页：

（上）图6-228加德满

斯瓦扬布窣堵坡。顶

佛眼细部

（下）图6-229尼泊尔

要祠庙类型：1、窣堵

式；2、顶塔式；3、宝

式（取自KORN W. T

Traditional Newar Arc

tecture of the Kathma

Valley，The Sikhara

2014年）

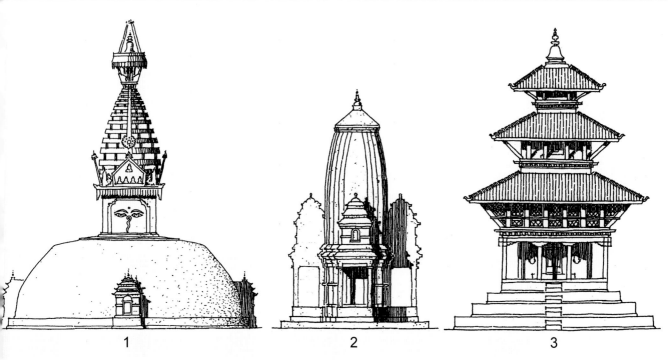

1　　　　　　　　　2　　　　　　　　　3

共奉文殊菩萨[5]的窣堵坡为尼泊尔国家祠堂之一，为文殊被认为与辩才天女[6]同属智慧本尊，因而同得到印度教徒和佛教徒的尊崇。

[精舍和神庙]

精舍（vihāras，尼瓦尔语bāhā或bahi）一般高两层，有时要高于祠堂。位于院落中央的这类建筑和尼瓦尔住宅不同，外墙上只有很少的窗户。入口处均设带装饰的大门，对着主要祠堂。如释迦牟尼精舍，或像圣观音（Avalokiteśvara）大门那样，由佛祖的得意

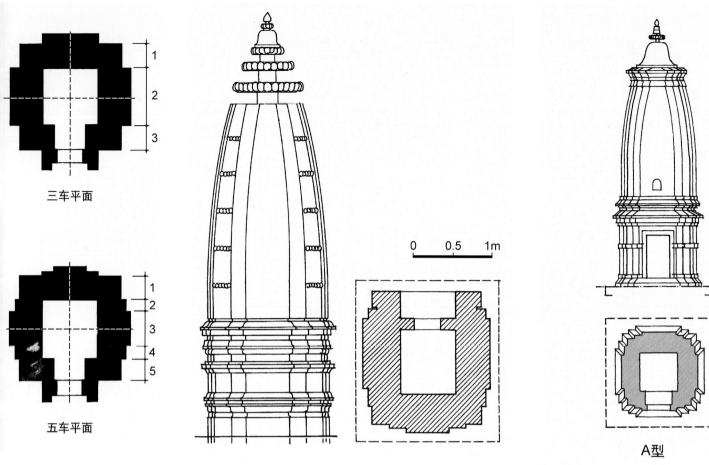

三车平面

五车平面

0 0.5 1m

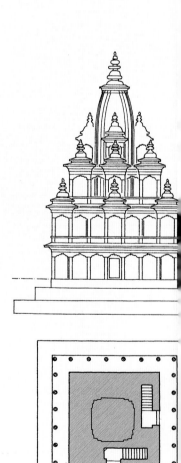

A型

D型

本页及右页:

（左）图6-230尼泊尔 采用三车及五车平面的祠堂（据Wolfgang Korn，2014年）

（中）图6-231格尔纳利河谷地带 塔庙原型平面及立面复原图（据Wolfgang Korn，2014年）

（右）图6-232尼泊尔 塔庙类型（总示意图，据Wolfgang Korn，2014年），图中：A型、初始原型，目前仅发现一例，即基尔蒂普尔的塔拉希马特庙；B-1型、在原型A的入口处增建一个由石柱或木柱支撑的门廊，门廊上安置一个类似小祠堂的塔楼；B-2型、各面均设门廊，形成十字形平面，但四个门中，三个可能为假门，仅在真正入口前布置台阶和石狮；C-1型、所有C型塔庙皆为石构，大多数都立在阶梯状的基台上，周围布置由石柱支撑的柱廊，这也是尼泊尔祠庙和印度原型最重要的区别；根据建筑的规模和尺寸，各面可布置四、六或八根石柱；围绕中央主塔，柱廊顶上另设四或八座小塔（仅于角上布置四座小塔时，则形成所谓五点式或梅花式布局）；C-2型、底层平面构成八角形；D型、系将C型形式进行多层组合，这种典型的尼泊尔形式一直延续到18世纪中叶；复合型、18世纪中叶之后，前述典型的尼泊尔形式开始和宝塔造型相结合，即底层按宝塔式设计，带坡屋顶及木构回廊，上层按塔庙形式（砖砌，外施灰泥并加陶土线脚），形成所谓复合形式（composite form）；1934年地震后，这类建筑很多都经过重新改造；特殊型（special form）、目前仅帕坦大觉寺（千佛寺）一例，由方形基座及渐次收分的顶塔两部分组成，主要祠堂设在底座内，周围设回廊，入口门廊位于东侧

B-1型

C-1型

复合型

B-2型

C-2型

特殊型

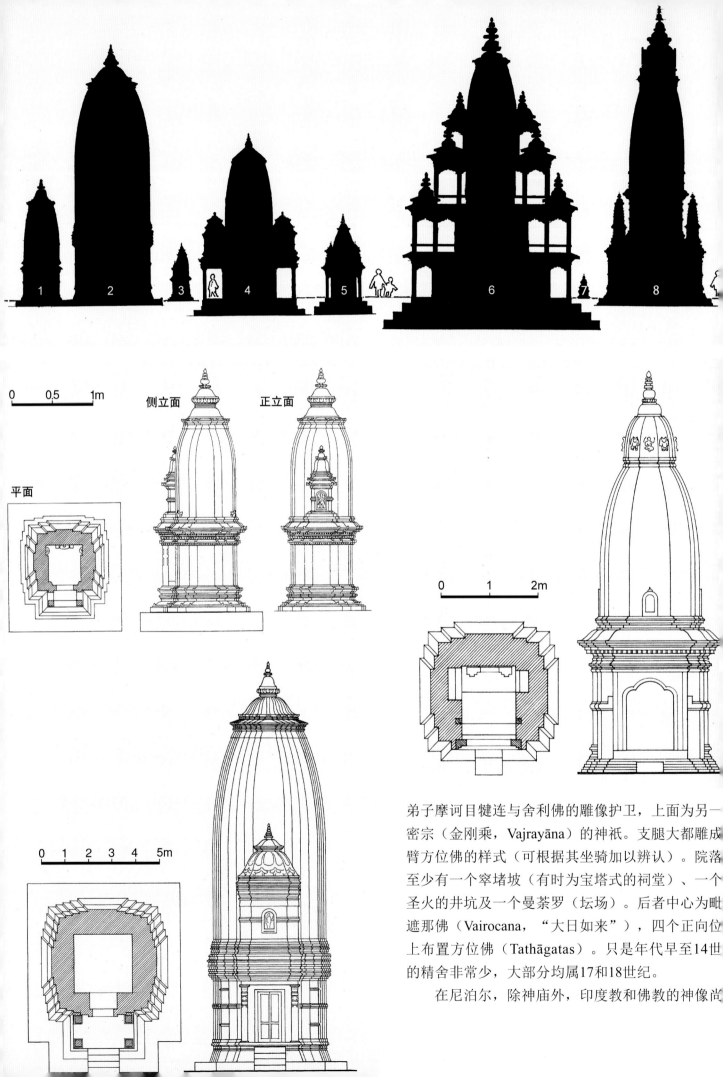

弟子摩诃目犍连与舍利佛的雕像护卫，上面为另一
密宗（金刚乘，Vajrayāna）的神祇。支腿大都雕成
臂方位佛的样式（可根据其坐骑加以辨认）。院落
至少有一个窣堵坡（有时为宝塔式的祠堂）、一个
圣火的井坑及一个曼荼罗（坛场）。后者中心为毗
遮那佛（Vairocana，"大日如来"），四个正向位
上布置方位佛（Tathāgatas）。只是年代早至14世
的精舍非常少，大部分均属17和18世纪。

在尼泊尔，除神庙外，印度教和佛教的神像尚

平面

侧立面　　　正立面

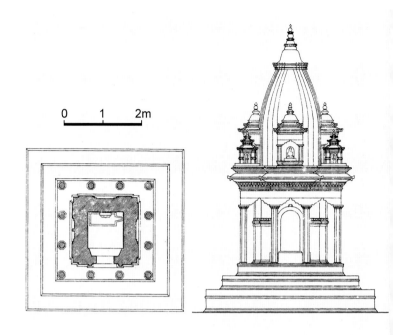

左页：

（上）图6-233尼泊尔 各种塔庙类型比较（剪影图，按同一比例，据Wolfgang Korn，2014年），图中：1、加德满都 斯瓦扬布窣堵坡组群，瓦杰拉达祠庙；2、加德满都 斯瓦扬布窣堵坡组群，阿南塔普拉祠庙；3、帕坦 珀德马帕尼神庙；4、巴克塔普尔 凯达尔湿婆神庙（摩诃提婆神庙）；5、帕坦 毗湿奴天（伊卡拉库·托尔的）神庙；6、帕坦 克里希纳（黑天）神庙；7、帕坦 王宫，孙达理院，图沙池微缩建筑；8、帕坦 大觉寺（千佛寺）

（右下）图6-234尼泊尔 塔庙。A型实例（类型字母编号据Wolfgang Korn，见图6-232，下同）：巴克塔普尔 迦内沙神庙，平面及立面（据Wolfgang Korn，2014年，下同）

（左中）图6-235尼泊尔 塔庙。B-1型，实例一：帕坦 珀德马帕尼神庙，平面及立面

（左下）图6-236尼泊尔 塔庙。B-1型，实例二：加德满都 斯瓦扬布窣堵坡平台上的阿南塔普拉神庙，平面及立面

本页：

（左）图6-237尼泊尔 塔庙。B-2型：巴克塔普尔 王宫广场，摩诃提婆（"大自在天"）神庙，平面及立面

（右）图6-238尼泊尔 塔庙。C-1型，实例一：帕坦 毗湿奴天（伊卡拉库·托尔的）神庙，平面及立面

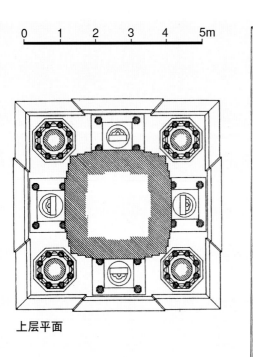

上层平面

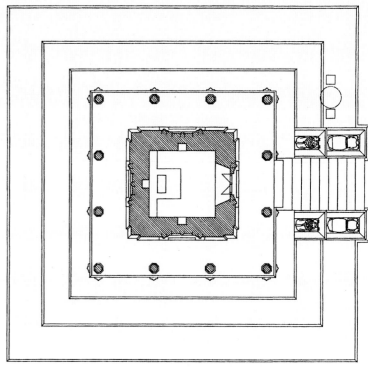

底层平面

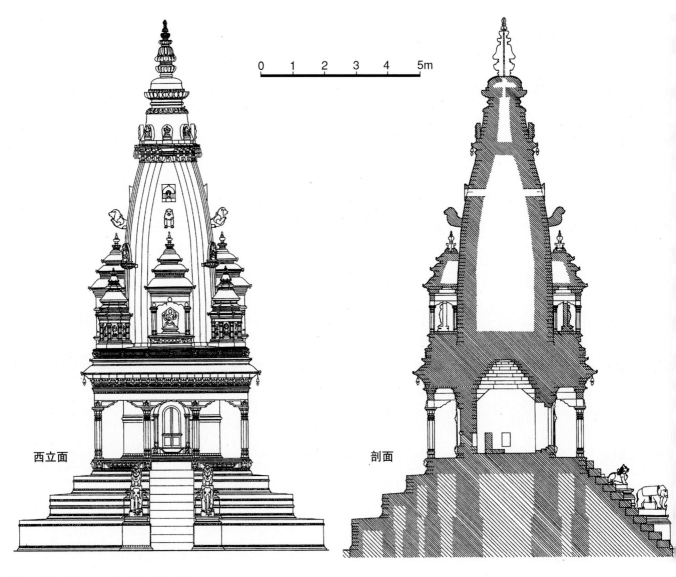

西立面　　　　　　　　　　　剖面

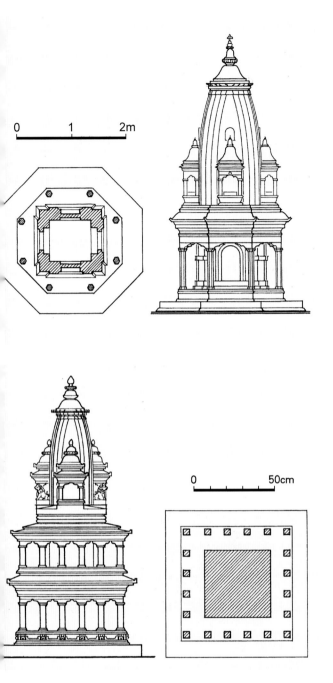

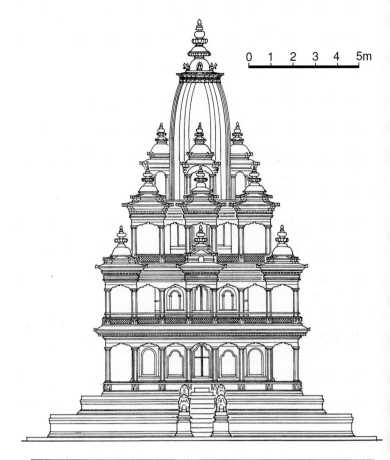

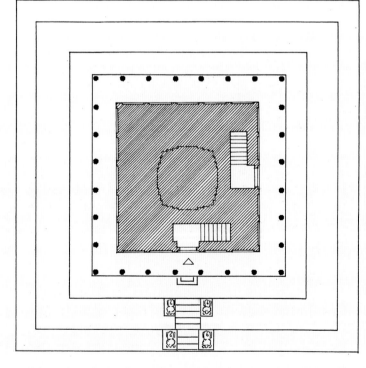

安置在露天祠堂（pīṭhas）、客栈和寺院内，有时还
可供奉在私人住宅里。

对寺庙这类宗教建筑来说，显然最主要是满足功
能的需求。安置圣像的内祠是所有神庙都共有的要

（右上）图6-244尼泊尔[……]
庙。典型顶饰

（左上）图6-245加德满[……]
帕斯帕提那寺。主庙[……]
景（线条画，取自KORN
The Traditional Architect[……]
of the Kathmandu Valle[……]
2014年）

（左下）图6-246加德满[……]
帕斯帕提那寺。地段全景

素，它立在逐层缩小的系列基台上，周以密集的柱列（部分隐蔽，外面看不见）。人们可通过一段台阶上来，台阶两边雕动物或拟人的造型。另一个独特的要素是屋顶，它可以是曲线形式的顶塔（sikhara），也可以是宝塔（pagoda）类型（图6-229）。

这两种形式都需要在这里略加说明。来自印度的顶塔（shikhara, sikhara，梵语"山峰"）式屋顶，

是一个位于内祠上甚高的曲线形塔楼（内祠多采用车和五车的平面形式，图6-230）。这种塔楼可能[……]自古代自方形平面上拔起的四坡屋顶（图6-231）[……]是印度北部耆那教和印度教寺庙的主导形式[7]，并[……]过环绕主塔的附属建筑，产生许多变体样式（塔[……]类型：图6-232、6-233；A型实例：图6-234；B型[……]例：图6-235~6-237；C型实例：图6-238~6-241；D

实例：图6-242、6-243）。在这些实例中，巴克塔普尔（巴德岗）的瓦查拉·杜尔伽神庙（1696年）可作为其典型例证。帕坦的克里希纳神庙（1637年）则可视为这种形制的一个更复杂的变体形式。用石料和各种尺寸的砖砌筑的这座祠庙通过叠置柱廊及开敞的亭阁赋予建筑一种通透的感觉。中央顶塔的构图地位虽有所下降，但整个祠庙具有了此前本地建筑从未有过的一种几近"古典"的韵律。所有这些顶塔，都配置

本页：

（上）图6-249加德满都
斯帕提那寺。背面景色

（中及下）图6-250加德满
帕斯帕提那寺。林伽神龛

右页：

（上）图6-251巴克塔普
昌古·纳拉扬神庙。入口立

（下）图6-252巴克塔普
昌古·纳拉扬神庙。全景

华美的顶饰（图6-244）。

第二种，即所谓"宝塔式"神庙（"pagoda" 〔门〕ples，尼瓦尔语dya-ga或dega，如图6-97所示），可〔以认〕为是尼泊尔最富有魅力的一种特殊类型。这种砖〔木〕混合结构由两层以上尺寸逐渐缩减的楼层组成。〔各〕层均配坡屋顶，由带雕饰的支腿（斜梁）支撑大〔出〕挑檐。坐落在加德满都东部巴格马蒂河畔的帕斯〔帕〕提那寺的主庙是大型寺庙中采用两层宝塔式屋顶〔的〕例证（为印度次大陆四大供奉湿婆的印度教寺庙〔之〕一，寺院历史可追溯至公元400年。著名的湿婆神〔庙〕1500多年来一直在吸引着络绎不绝的朝圣者，图〔6-2〕45~6-250）。位于巴克塔普尔北面约4公里处供奉〔毗〕湿奴的昌古·纳拉扬神庙原本是尼泊尔最古老的神〔庙，〕唯现存建筑系1702年大火后重建（在2015年地〔震〕中建筑再次部分损坏，图6-251~6-253）。位于谷地〔边〕缘的帕瑙蒂是座风景优美的村镇，有许多配有精〔美〕

美木雕装饰的祠庙（图6-254~6-256）；镇上的因陀罗大自在天神庙可能建于1294年（图6-257~6-259）。另一座留存下来最早的宝塔式神庙是位于德奥·帕坦供奉谷地最高神祇帕舒帕蒂纳特的祠堂（14世纪下半叶）。这种类型此后得到充分的发展，衍生出很多变体形式。如位于加德满都西南6公里处乔巴尔的阿底那陀寺（寺院西侧的三层塔庙创建于15世纪，1640年改建，庙前另设一悉卡罗式祠堂，图6-260）、位于加德满都西偏北约70公里处廓尔喀的玛纳卡玛纳庙（Manakamana Mandir，其名来自两个词："mana"-"心"和"kamana"-"希望"；该地海拔1302米，俯瞰着南侧的特里苏利河及西侧的马相迪河。为一重檐两层的印度教寺庙，主供雪山神女帕尔瓦蒂的化身巴格瓦蒂，从17世纪起受到崇奉；建筑毁于2015年4月的强烈地震；图6-261）。不过，现存实例中更多的属18和19世纪[比较典型的如巴克塔普尔（巴德岗）的五层庙（建于1702~1703年，布帕廷陀罗·马拉统治时期）]，但很容易看出是自这些最早的类型发展而来。最初位于低矮平台上的宝塔式神庙多为平面方形四面设入口的建筑（所谓四门式神庙，sarvatobhadrika temple），并如所有尼瓦尔祠庙那样，带内部巡回通道及同样四面敞开的内祠（garbhagṛha）。上部设空祠堂。主要支撑结构为砖墙，立面雕饰集中在门窗部位（图6-262、6-263）。

最早的宝塔式神庙看来仅有两层屋顶；第三层是后加的。如同所有考究的尼瓦尔建筑做法，屋顶于角上尽端处设一金属的角状（或鸟形）部件，效果类似中国古代建筑的飞檐。建筑顶上照例配置一个形如窣堵坡的镀金顶饰。

自墙檐以45°角伸向屋顶端头的雕饰支腿是不可或缺的结构部件。在帕瑙蒂的因陀罗大自在天神庙，下部每侧有6个，加上四角各一个，总共28个雕像支腿。其中包括一对母神（Mātṛkās）造像、若干夜叉

本页及右页：

（上两幅）图6-253巴克塔普尔 昌古·纳拉扬神庙。2015年地震后景象

（下）图6-254帕瑙蒂 祠庙群。地段景色（位于村镇两条河流的交汇处）

本页：

（上）图6-255帕瑙蒂 神
群。神庙立面

（下）图6-256帕瑙蒂 神
群。山墙，木雕细部

右页：

（上）图6-257帕瑙蒂 巴
罗大自在天神庙（可能为1
年）。地段形势

（下）图6-258帕瑙蒂 巴
罗大自在天神庙，立面全

女（药叉女Yakṣīs、Yakṣas）雕像，尤为奇特的是还有般度五子[8]及其随从的造像。由于上层尺度缩减，支腿的数量也随之减少。入口通常都通过三个连在一起的大门，中央一个带有雕饰华丽的边框、装饰性山墙、檐口及独立的柱子。组合门两侧与砖墙相连处上部托架雕河流女神形象，下部凸出部分带程式化的边框，上部倾斜，形成锐角，内置神祇或其他人物的浮雕（如加德满都的杰根纳特神庙，见图6-95~6-97）。就这样，将木构部件和砖墙结构结合在一起，形成了

极其复杂的艺术效果。制作精美的大门和极为朴实巡回通道及内祠形成了鲜明的对比。由于这类塔式庙面向各个方向（颇似曼荼罗的构图），因此一般设强调某一方向的柱厅。

现存最早的宝塔式神庙均为湿婆庙，内藏四林伽像（caturmukhaliṅgas）。帕坦早期的毗湿奴（恰尔·纳拉扬）神庙（1564/1565年）、加德满都杰根纳特神庙和巴克塔普尔（巴德岗）的德瓦尔纳特神庙全都具有同样的平面，内藏四面像。著

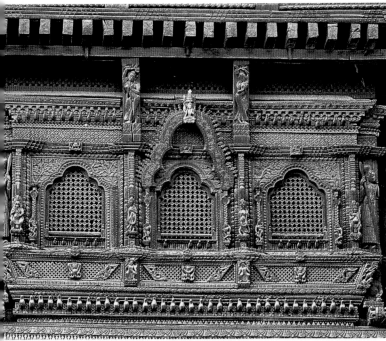

本页及左页：

（左上）图6-264钱古·纳拉扬 神庙。外景

（中）图6-265钱古·纳拉扬 神庙。墙面及屋檐，装饰细部

（左下）图6-266帕坦 库姆拜斯沃拉神庙。外景（线条画，取自
KORN W. The Traditional Architecture of the Kathmandu Valley,
2014年）

（右两幅）图6-267帕坦 库姆拜斯沃拉神庙。地段环境

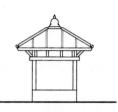

1类

B类   C类

本页及左页：

（左上）图6-268帕坦 库姆拜斯沃拉神庙。现状全景

（左下）图6-269帕坦 库姆拜斯沃拉神庙。近景仰视

（右下）图6-270尼泊尔 宗教建筑的基本模式[取自意大利语版《艺术大百科全书》（*Enciclopedia Universale dell'Arte*）]：1、窣堵坡式（如加德满都的布达纳特窣堵坡）；2、宝塔式（多层木构屋顶）

（右上）图6-271加德满都谷地 坡顶寺庙的类型（一）：A类、方形或矩形平面祠堂，三面敞开，神像（多为迦内沙）背靠后墙；B类、方形或矩形平面祠堂，仅设一个入口，神像（通常为纳拉扬）背靠后墙；C类、方形祠堂，四面辟门，神像（通常为湿婆林伽）布置在中央

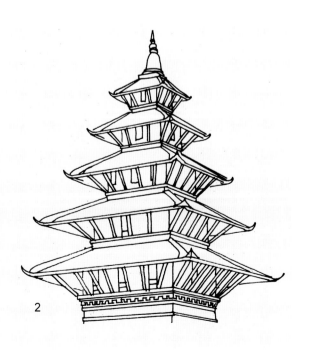

2

的钱古·纳拉扬神庙创建于5世纪或更早，但留存下来的部分均为18世纪或以后（图6-264、6-265）。最初的神庙很可能内置骑在大鹏金翅鸟上的毗湿奴雕像（Garuḍāsana Viṣṇu），如果是这样的话，建筑则不会朝各个方向开门。某些后期塔式庙也是如此，有的巡回通道被划入祠堂内。平台由更多的阶台组成，有时可达七阶，如加德满都王宫广场上的塔莱久神庙。这是最大的塔式庙，建于1576年。屋顶是后建的，否则将如帕坦北部的库姆拜斯沃拉神庙（图6-266~6-269）或巴克塔普尔的五层庙（建在人工山头上，虽不如前者壮观，但更有名气）那样，为五个渐次缩小的屋顶。

这种宝塔式神庙为东亚地区特有，其起源还不是很清楚，但很可能来源于印度，因其非常接近印度北方与西藏毗连的喜马偕尔邦的坡顶神庙。有的学者

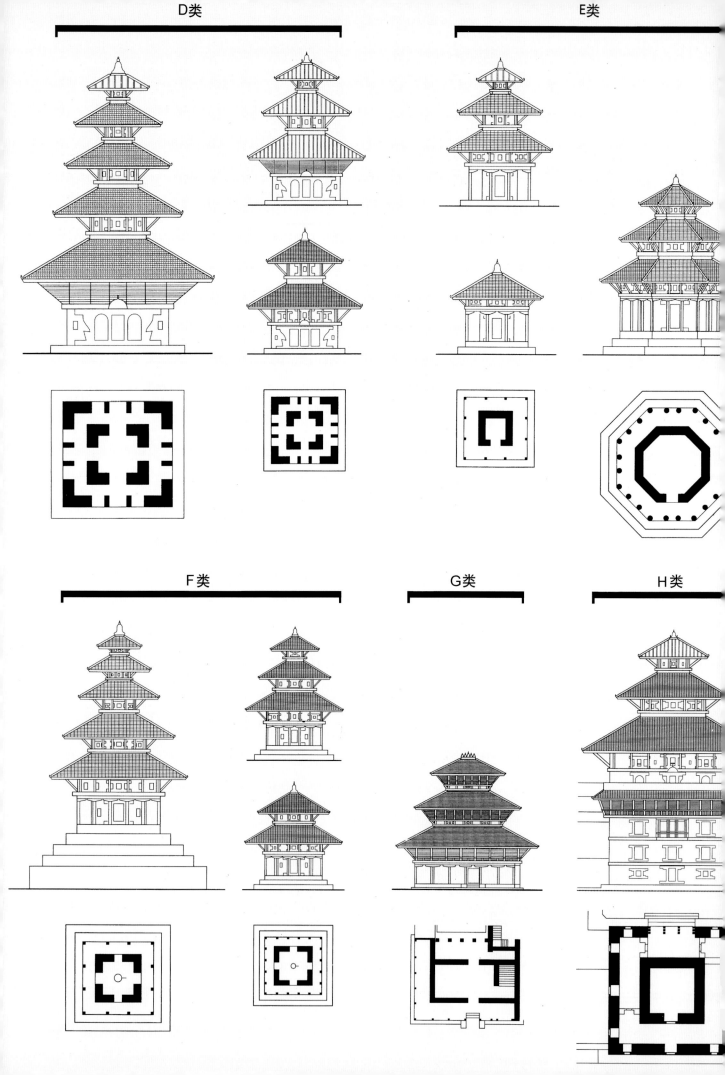

D类   E类

F类   G类   H类

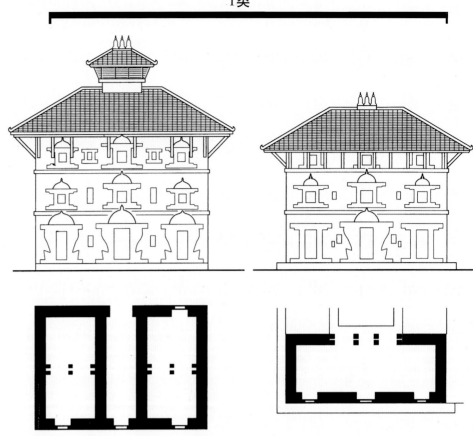

I类

）图6-272加德满都谷地 坡顶寺庙的类
（二）：D类、方形平面，内外两道围墙，
面辟门，神像（多为湿婆林伽，有时是位
尼上的纳拉扬）位居中央；E类、类似
，但增加了周围环廊（平面可为方形或
角形），神像背靠后墙

）图6-273加德满都谷地 坡顶寺庙的类
（三）：F类、在D类基础上发展而得，以
廊取代了外墙，湿婆像位居中央；G
神像布置在平面矩形的上层，祠堂处形
拜厅；H类、平面类似C或D类，但高
层数增加

：
6-274加德满都谷地 坡顶寺庙的类型
）：I类，其尼瓦尔名称为deochẽs，意为
的住所"，外观也类似住房，但一般仍
其为神庙；祠堂位于上层，大多用于供奉

为它来自窣堵坡顶上的系列伞盖；其他人（如珀·布朗）则认为其来自马拉巴尔和卡纳拉地区的印原型。一般而论，层叠的高屋顶一般都存在于从喀拉邦到挪威这类世界上降雨和降雪量较大的地域；外，人们还知道，笈多时期的神庙没有柱厅，有些置了内部巡回廊道和上部祠堂；再就是，朝各个方的祠堂实际上继承了古代印度的传统并一直延续到世纪，特别在拉贾斯坦邦和喀拉拉邦。

此外，自17世纪以降，在砌筑神庙中，有时还可见

到采用当代印度北部风格的尼泊尔变体形式。围柱廊式的柱厅颇受青睐。顶塔以窣堵坡状部件作为结束。

图6-270系取自意大利语版《艺术大百科全书》（*Enciclopedia Universale dell'Arte*）的插图，以简图的方式表现尼泊尔宗教建筑的两种基本模式。图6-271~6-274取自沃尔夫冈·科恩所著《加德满都谷地的传统建筑》（*The Traditional Architecture of the Kathmandu Valley*）一书，进一步列举了谷地坡顶寺庙的各种类型，可供参考。

第二节 斯里兰卡

一、地理、历史及宗教背景

斯里兰卡是个位于印度次大陆东南方外海的岛，梵语古名Simhalauipa（驯狮人，simha-狮子），汉书·地理志》称"已程不国"，《梁书》谓"狮

子国"，《大唐西域记》作"僧伽罗"（为梵语古名的音译，其主要民族亦称僧伽罗人）；1815年起作为英国皇家殖民地，称"锡兰"[Ceylon，为殖民时期僧伽罗（Sinhala）一词的变体形式]；直至1972年废除君主制后改称斯里兰卡。僧伽罗一词在这里显然具

（上）图6-275米欣
勒 坎塔卡支提。现
（底面周长约130米
四个正向凸出部分
Vaahalkada，饰有
物、侏儒、动物和神
等形象，特别是双臂
头神；各凸出部分于
柱顶上立不同的动物
像，东为象，北为狮
西为马，南为牛）

（下）图6-276米欣特
坎塔卡支提。近景

（左）图6-277米欣特勒 玛哈堵坡（公元7~19年）。景色（位于山顶上，底径米，原构残破失修，现部复原）

（左）图6-278米欣特勒 寺厅。寺院餐厅（位于第台阶端头，院落左侧；矩形空间长19米，宽7.6周围布置贮存房间）

文化和历史的双重意义，至少对大多数居民来说，是他们语言的名称（僧伽罗语），同时能够令人想其古代的起源及民族的象征——狮子。

从地理区位（距印度最近距离约48公里）和长的历史进程（特别是宗教信仰）来看，这个面积致相当于爱尔兰的岛国显然是处在印度的影响圈内。事实上，近代僧伽罗人（Sinhalese）的祖先（称Sinhalas）就是于公元前6或前5世纪来自印度。

在南亚和东南亚，斯里兰卡是唯一一个自阿育王时代以来一直以佛教为主的国家。正是随着佛教的传入开始了岛上继石器时代和铁器时代之后的信史时期[9]。与印度南部一样，这一时期最早的人工遗迹是

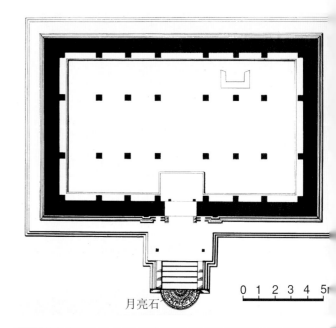

月亮石

（左上）图6-279米欣特勒 窣堵坡。残迹现状（位于寺院餐厅东面，周长27米，功用不明）

（左中）图6-280米欣特勒 遗骨堂。现状，入口处两块大石碑立于国王摩哂陀四世（956~972年在位）时期

（下）图6-281米欣特勒 僧侣会堂（位于遗骨堂附近，为19米见方、由48根石柱支撑的开敞建筑，中央为一个四面可达的平台；山顶上可看到玛哈窣堵坡）

（右上）图6-282阿努拉德普勒 图帕拉默寺院。B寺，中央殿堂，平面（取自HARLE J C. The Art and Architecture of the Indian Subcontinent, 1994年）

（右中）图6-283默希延格纳 窣堵坡（塔）。现状景色

（）图6-284默希延格纳 窣
坡，塔体近景

（）图6-285蒂瑟默哈拉默
舍勒寺院。窣堵坡（公元
或前1世纪），现状

本页及左页：

（左上）图6-290汉德萨 朗卡蒂拉卡佛堂。雕饰细部

（中）图6-291汉德萨 朗卡蒂拉卡佛堂。壁画

（右）图6-292汉德萨 朗卡蒂拉卡佛堂。顶棚图案

（左下）图6-293印度 菩提祠。平面形式（据Coomaraswamy，未按统一比例尺），图中各菩提祠所在地：1、巴尔胡特；2、马图拉；3、巴尔胡特；4、桑吉；5、阿马拉瓦蒂

教僧侣石窟居室的婆罗米文铭刻。根据地方编年史记载，公元前3世纪中叶，以阿育王的长子（或弟）摩哂陀[10]长老为首的五位比丘带着佛教经律造访斯里兰卡，受到了当时刚登基的斯里兰卡首任国王天帝须（公元前307~前267年在位）的欢迎和扶持，

佛教遂在岛上得到传播并在米欣特勒成立了第一个佛教社团。据编年史记载，该地的拉杰默哈精舍系建在一位高僧的骨灰上。据信建于国王苏拉帝须时期（公元前247~前237年）的坎塔卡支提是个位于三阶基台上的窣堵坡（图6-275、6-276）；山顶上的玛哈窣

页：

（上）图6-300默迪里吉里 圆圣堂。俯视全景

（中）图6-301默迪里吉里 圆圣堂。入口侧现状

）图6-302默迪里吉里 圆圣堂。基台及柱列近景

（上）图6-303阿努拉德普勒 坐佛像（8世纪上半叶，位于城市
不路边）

页：

）图6-304斯里兰卡 立佛像（3/4世纪，石灰石，现存阿努拉
普勒博物馆）

）图6-305阿武卡纳 岩雕佛陀像（8/9世纪）。全景

堵坡建于公元初年，现已被全部修复（图6-277）；
其他尚存寺院餐厅、遗骨堂等遗迹（图6-278~6-
281）。公元313年自羯陵伽迎来的佛陀圣骨（佛牙）
成为斯里兰卡的国宝，它和此前引进的圣菩提树（由
佛陀悟道成佛的那棵大菩提树的一根枝条衍生而来）
一起，成为斯里兰卡佛教徒的主要崇拜对象。

　　作为一个主要信奉佛教的国家，佛教建筑在这里
的持续发展自然得到了必要的保障。事实上，无论是
文化、艺术还是建筑，佛教的影响均占主导地位。
岛上的居民中，只有占人口总数约30%的泰米尔人
（Tamils）信奉印度教，并效法印度南方流行的建筑
形式，况且还是以一种更为独立和自由的方式。

　　但值得注意的是，在受佛教影响的同时，在文化
和艺术上，斯里兰卡长期以来保留了自身鲜明的特

本页：

（上）图6-306阿武□
岩雕佛陀像。近景□

（下）图6-307布杜鲁□
加拉 崖雕组群（8□
世纪）。西侧全景（□
巨像，部分由山岩中□
出，部分由灰泥塑□

右页：

图6-308布杜鲁瓦加□
崖雕组群。中央大□
近景（高16米，为□□
最大佛像）

页:

-309布杜鲁瓦加拉 崖雕
群。北组，菩萨群像[圣
音，其伴侣度母（多罗菩
及另一尊菩萨]

页:

-310布杜鲁瓦加拉 崖雕
群。北组，圣观音像近景
从残留的部分色彩上可知
有过彩绘）

中部和南部地区充沛的雨量培育了岛上繁茂的森林，为人们提供了丰富的木材，这在建筑上无疑起到了重要的作用。与外围相对隔绝的地理位置使这个岛屿免受相邻次大陆动荡局势的影响，但同时也在一定程度上促成了其保守的特色。另一方面，由于处在亚洲海路上的重要战略位置，从古罗马时期开始，它就

和西方有所接触，之后又经历了来自欧洲列强——从葡萄牙、荷兰直到英国——的殖民统治。1815年，岛上最后一个独立的本土政权——康提王国（Kingdom of Kandy）被英国人取代，王国沦为大英帝国的保护国，成为次大陆第一个完全处于外国统治下的国家。来自西方的影响就这样在这里具有了深厚的历

渊源。

所有这些因素在僧伽罗艺术的自立和独创表现上
疑都起到了某些作用。但在促成它自成一体的表
上，本地人对空间价值的特殊感受、因不同要素
形成的独特情趣，可能是更重要的缘由。在造型
术——特别是建筑——上，这个岛国不仅具有重要
地位和一定的独立性，其建筑形式对大印度地区
（Magna India）各中心同样产生了深远的影响。因
，作为印度建筑的补充，有必要在这里单列一节进
研究。

现存斯里兰卡的大部分古迹都集中在遍布古代水
利灌溉工程的中部和北部地区，即历史上的拉贾勒特
区[11]，特别是老的都城阿努拉德普勒和波隆纳鲁沃，
以及靠近南海岸地势相对平坦、雨量极为充沛的地

左页：

图6-311布杜鲁瓦加拉 崖雕组群。南组，菩萨群像

本页：

（左右两幅）图6-312布杜鲁瓦加拉 崖雕组群。南组，头像细部
（左右两幅分别为弥勒菩萨及金刚手菩萨）

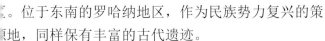

本页及左页：

（左上）图6-313波隆纳鲁沃 格尔寺院。岩凿雕刻（12和13世纪），现状全景

（左下及中下）图6-314波隆纳鲁沃 格尔寺院。卧佛及立佛，现状

（右两幅）图6-315波隆纳鲁沃 格尔寺院。卧佛，全景（两幅照片分别摄于搭建保护棚前后的景象；为避免保护棚遮挡形成的阴影，上面一幅照片为阳光斜射时拍摄）

。位于东南的罗哈纳地区，作为民族势力复兴的策源地，同样保有丰富的古代遗迹。

　　通过一个多世纪以来考古学界不懈的努力，在文献梳理以及大部分重要遗址的清理和修复上均取得了很大的成绩。在斯里兰卡，较为完善的编年史

有三部，即古代的《岛史》（Dīpavaṃśa）、《大史》（Mahāvaṃśa）和后期的《系谱》（Cūlavaṃśa）。《岛史》，亦名《岛王统史》《洲史》，为斯里兰卡现存最早的巴利文佛教编年史，约成书于4世纪，著者不详。《大史》为斯里兰卡古代巴利文历史文献，采用

本页及左页：

（左上）图6-316波隆纳鲁沃 格尔寺院。卧佛，细部

（中及右）图6-317波隆纳鲁沃 格尔寺院。立佛，全景

（左下）图6-318波隆纳鲁沃 格尔寺院。室外坐佛像，地段
全景

本页：

（上）图6-319波隆纳
沃 格尔寺院。室内
佛像，近景

（下）图6-321波隆纳
沃 波特古尔寺院。
经阁及阅览室残迹

（中）图6-322波隆纳
沃 波特古尔寺院。
拉克勒默巴胡一世
（12世纪），全景

右页：
图6-320波隆纳鲁沃
尔寺院。室内坐佛

编年史诗体，作者为摩诃那摩等人。该书涉及斯里
兰卡、印度等南亚地区，以及南传上座部佛教的历
史；由于辞藻华丽，亦被奉为斯里兰卡古典文学的
瑰宝。这几部典籍为斯里兰卡的考古学和历史研究
提供了必要的基础资料。不过，对于艺术史学者来说，目
前最大的缺憾是几乎没有带铭刻可供直接断代的石雕。

二、主要建筑类型及雕刻

地方特色突出的庞大寺庙建筑群、巨大的窣堵坡（其中有的属佛教传入早期，尚未发掘和复原）、有创意的宫殿遗迹，以及虽然没有印度许多地区那样丰富，但总体质量很高的石雕，是斯里兰卡主要的艺术成就。

[寺庙]

除一般要求外，佛教僧伽制度（samgha）特别要求建造寺院和集中的祭拜场所，因而大大促进了佛教寺庙的建设。与阿育王同时期的僧伽罗统治者天爱

（左右两幅）图6-323波隆纳鲁沃 波特古尔寺院。珀拉克勒默巴胡一世造像，近观

帝须王在听取摩哂陀讲法并皈依佛教后，即开始在都城阿努拉德普勒兴建窣堵坡及寺庙。

　　不过，斯里兰卡的佛寺是一种独特类型，有别于印度北部和东南亚地区的同类建筑。在这里，看不到那种大型单一的寺院（其中精舍及安放雕像的小间构成围墙的组成部分，朝向布置有窣堵坡或祠堂的内院），而是将一些独立的建筑密集地聚合在一起，除了窣堵坡和后期一些安放雕像的房屋外，

没有任何大尺度的建筑。在阿努拉德普勒，早（约公元前250~公元459年）无论是宅邸（僧伽语pariveṇas）、会议厅、经堂，或是小型窣堵坡安放雕像的房屋，全都杂乱地围着中央一座大窣堵坡布置[如阿育王之子摩哂陀建造的阿努拉普勒大寺、城市北面的无畏山寺（阿布哈亚吉寺）等]。后期的寺院除中央窣堵坡外还包括布萨（uposathāghāras）、宝座堂（āsanagharas）、菩提

（上）图6-324阿努拉德普
古城。总平面（1890
刊版）

（下）图6-325阿努拉德
力 图帕拉摩窣堵坡（公
元3世纪）。远景

（下）图6-326阿努拉德
力 图帕拉摩窣堵坡。自
部望去的景色

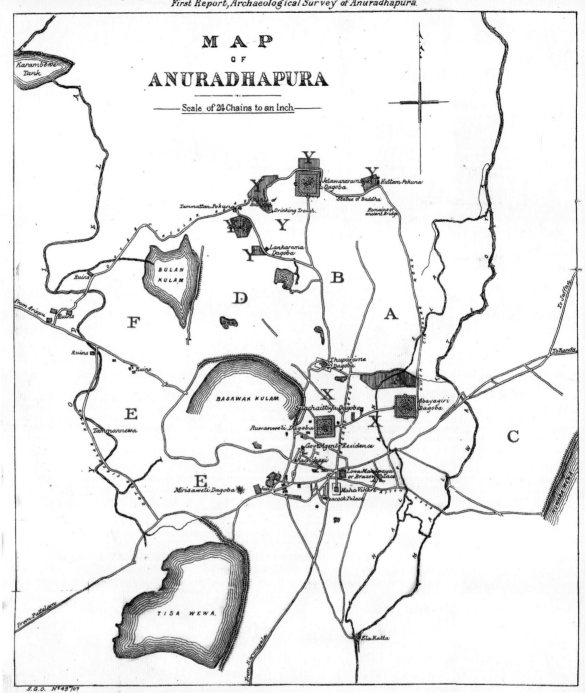

（bodhigharas）、会堂（upatthānasālās），以及多
能的多层宫邸。这些建筑底层平面一般均为方形或
形（如图帕拉默寺院B寺的中央殿堂，图6-282；有
方形祠堂很可能是不进人的，坐佛放在外面，面对
方）。其中布萨堂又称说戒堂，为每个寺院组群
重要组成部分，是请精熟律法之比丘说波罗提木
（prātimoksa）并进行反省及举行重要仪式的处所
现存最优秀的实例位于波隆纳鲁沃并见于《大史》
记载（立面配尖矢窗为其特色）。在这里，中央
厅周围绕以廊道和辅助房间（用作祠堂，存放圣
等）。多柱厅中央高两层的台座系为执掌整个寺院
最年长僧侣制备。宝座堂系用于安放佛陀宝座，之
为佛堂（巴利语paṭimāghara，僧伽罗语pilimāge）
代。菩提祠（bodhigharas）则是另一种特殊类型。
关佛堂和菩提祠，我们还将在下面专题论述。

　　值得注意的是，锡兰的寺院从一开始就配置
比印度寺院完善得多的卫生设备，在寺院边上一
均有为大浴室配置的水管及下水道。浴室（僧伽罗
pokunas，来自梵文puskarani）平面一般为矩形（偶尔
有圆形的），有的自岩石中直接凿出，之后以花岗

本页：

（上）图6-332阿努拉德
努旺维利大塔。远景

（下）图6-333阿努拉德
努旺维利大塔。西南侧全

右页：

（上）图6-334阿努拉德
努旺维利大塔。东北侧

（下）图6-335阿努拉德
努旺维利大塔。东南侧

图6-336阿努拉德普勒
旺维利大塔。东侧，入
景观

板铺砌墙面及地面。在主要寺院边上，往往还配置了大
型医院，构成僧伽罗建筑的另一特色，既反映了当时社
会的凝聚力和宗教精神，也体现了一种自治的愿望。
和佛教相比，似乎更接近基督教的"博爱"情怀。

　　在斯里兰卡，出于多种原因，无论是寺院建
筑，还是王室宫邸，在发展过程中都逐渐放弃了使
用木材。在这里，最早的砖结构可上溯到8世纪，
被称为盖迪吉（gediges，僧伽罗语，相当巴利语

ginjakavasatha）；按觉音[12]的说法，该词指完全以
砌造的建筑，但它很快就扩展到带筒拱顶的石结构
不过，对绝大多数（特别是早期的）寺院来说，除
窣堵坡外，目前人们能在寺院里看到的仅有后期的
些残墙、基础、台阶及柱子。

[窣堵坡]

　　在斯里兰卡，最早古迹的灵感大都来自印度中

（上及中）图6-337阿努拉德普
勒努旺维利大塔。基座象墙

（左）图6-338阿努拉德普勒
努旺维利大塔。大塔，东北侧
景

本页及左页：

（左上）图6-339阿努拉德普勒 努旺
维利大塔。大塔，西侧近景

（中上及右下）图6-340阿努拉德普勒
努旺维利大塔。正向佛龛及近景

（中中）图6-341阿努拉德普勒 努旺
维利大塔。顶塔基部

（左下及右中）图6-342阿努拉德普勒
无畏山寺（阿布哈亚吉里寺，公元前
88年）。仪典厅（8/9世纪），遗址现状
及卫士像

原始建筑（帕鲁德、桑吉，乃至菩提伽耶）。在所
有建筑类型中，最具有特色的即窣堵坡（stupa），
它是在这里依僧伽罗语被称为达伽巴（dāgaba，相应
梵文为dhātugarbha）。它仍然保持了印度那种呈半球
形穹顶（即覆钵，梵文称aṇḍa）的古老造型。不过，
这倒不是因为观念滞后，而是出于我们前面提到的一
种空间观念。和印度本土那种更具有象征意义的变化
相比，在这里，人们更看好具有完美几何曲线、充满
张力的形式。半球状的体量造型显然对僧伽罗建筑师
们具有更大的吸引力并在更大的程度上满足了他们的

审美情趣。斯里兰卡的窣堵坡就这样一直影响到从爪哇到泰国的所谓大印度地区（Magna India）那些钟形和半球形的覆钵形式。虽说也有例外（如12世纪出现的一个呈七层阶台金字塔造型的窣堵坡），但总的来看，这种主流表现和趋向当无疑问。

这类半球形的覆钵大都立在三重基台上。覆钵的凸出结构（僧伽罗语vāhalkaḍas）则按传统方式布置在四个主要方位上，其上立装饰性的五柱组（所谓āyaka pillars），有的两边另立石碑，顶上是正面朝外的动物雕刻。这种布局表明，它们和安得拉邦早期建筑具有密切的联系。覆钵顶部方形平台（harmikā）上立单一的伞盖。在用砖砌时，为了避免沉重的感觉，改为人们熟悉的锥体造型，即所谓"相轮"（votive rings，配有线脚，形如叠置的伞

本页及左页：

（右上）图6-343阿努拉德普勒 无畏山寺。会堂，遗址全景

（右下）图6-344阿努拉德普勒 无畏山寺。会堂，台阶前的卫士像

（中上）图6-345阿努拉德普勒 无畏山寺。主居堂，遗存现状

（右两幅）图6-346阿努拉德普勒 无畏山寺。佛堂，月亮石（8~9世纪，位于无畏山塔附近佛堂入口台阶处，属斯里兰卡最优秀的这类作
品之一，其后五个台阶竖板上凝视下方的人物造型为财神俱毗罗的侍者加纳）

（中下）图6-347阿努拉德普勒 无畏山寺。次居堂，遗址现状

本页：

（上）图6-348阿努拉德普勒 无畏
寺。雕刻细部：加纳（Gana，财
俱毗罗的侍者，吉利的象征）

（下）图6-349阿努拉德普勒 无畏山
寺。雕刻细部：石狮（在斯里兰
狮子既是佛陀的宗教标记，也是僧伽
罗人的政治象征；位于墙角处的这
浮雕，可能具有装饰、象征和护
等多种功能，类似中国寺庙的石狮
造型独特，狮口半张，尾巴绕成8字

右页：

图6-350阿努拉德普勒 无畏山寺。
堵坡（无畏山塔），外景（整修前

本页：

（上）图6-351阿努拉德普
无畏山寺。窣堵坡，外景
世纪期间，年久失修的建筑
被植被覆盖，以致第一批
它的欧洲人都以为那只是一
山；照片摄于2008年整修
间，除清除植被外，还进行
局部修复）

（下）图6-352阿努拉德普
无畏山寺。窣堵坡，现状全

右页：

（上）图6-353阿努拉德普
无畏山寺。窣堵坡，背面近

（中及下）图6-354阿努拉德
勒 祇园寺塔（4世纪，12世
重修）。外景（整修前，新
在联合国教科文组织主持下
次进行了清理和整修）

，上部平顶）。

在阿努拉德普勒，第一座图帕拉默塔的最初形，可能属城市创立者天爱帝须王时期。另外据传，沃省的默希延格纳塔（窣堵坡，图6-283、6-284）东北海岸的吉里坎迪（今蒂里亚亚）塔也是这时期造。蒂瑟默哈拉默的耶塔勒寺院内一座窣堵坡可能至公元前2或前1世纪（图6-285）。在带正向外凸构的窣堵坡中，具有可靠历史记载的最早一例是位

（上）图6-355阿努拉德普
祇园寺塔。北侧全景

（下）图6-356阿努拉德普
祇园寺塔。东侧现状

（上）图6-357阿努拉德普勒
□寺塔。西侧景观

（下）图6-358阿努拉德普勒
□寺塔。南侧景色

阿努拉德普勒北面的无畏山寺。其外凸结构建于公
□2世纪，说明僧伽罗窣堵坡的这种独特部件此时已
□全形成，并表现出和大陆模式的明显差异。

[佛堂]

为安置佛像而建的庙堂被称为gandals（其名来
自佛陀在祇园的精舍），但更常用的名称是pilimages
（僧伽罗语，对应的巴利语为pathimagara）；在这
里，我们统译为"佛堂"。这类建筑数量的增长，表
明信徒越来越热衷于对佛像的崇拜。很可能，斯里

本页及左页：

（左上）图6-359阿努拉德普勒 祇园寺塔。塔体近景

（左下）图6-360阿努拉德普勒 祇园寺塔。南侧，入口结构

（中上及右上）图6-361阿努拉德普勒 祇园寺塔。南入口雕饰细部：七头蛇（位于角上）及石象（位于基部）

（中下）图6-362阿努拉德普勒 伊斯鲁穆尼亚寺（创建于公元前3世纪，5世纪期间更新）。现状全景

（右下）图6-363阿努拉德普勒 伊斯鲁穆尼亚寺，入口近景

本页及右页：

（左上及中上）图6-364阿努拉德普
伊斯鲁穆尼亚寺，入口台阶雕饰及
亮石

（左下）图6-365阿努拉德普勒 伊
鲁穆尼亚寺，爱侣雕刻（4~6世纪
笈多风格，雕板系从别处移到该寺
现存阿努拉德普勒博物馆）

（右两幅）图6-366阿努拉德普勒
厅。平台及柱子残迹

卡的建筑师，在规划第一座佛堂时，曾打算效法
园的精舍。如果确是如此，那似乎表明，这些地
建筑师们很想借此把佛教传统上的这一圣地"搬"
自己的国度。佛堂最初是平面方形或矩形的建筑，
一个带前厅的单一房间组成。只是随着时间的推移
佛像崇拜的普及，形式变得越来越复杂。前面另加
一个厅堂（mandapa），它既是门廊，本身亦可作

为庙堂。实际上，这种佛堂已成为真正的佛教圣所，
至少在主要方面，具备了印度教寺庙的基本特色，
由三部分组成：内祠（或圣所，即"胎室"，garbha
griha）、前厅和大厅（mandapa）。

不过，这些结构在外观和尺寸上都有很大的差
异。斯里兰卡中部村镇汉德萨的朗卡蒂拉卡佛堂，被
认为是岛上最壮观的宗教建筑之一，其历史可上溯到

（上）图6-367阿努拉德普勒 柱厅。护
雕像及月亮石

（下）图6-368阿努拉德普勒 柱厅。"王
亭"（8/9世纪）。月亮石，细部

（上）图6-369阿努拉德普
双浴池（3世纪）。现状
南池向北望去的景色）

（下）图6-370阿努拉德普
双浴池。西北侧全景
景为北池）

4世纪国王布伐奈迦巴忽四世（1341~1351年在位）
时期。负责建造的是国王的首席大臣塞纳兰卡迪卡
位，设计人是一位来自印度南方、名萨塔帕蒂·拉亚
的建筑师。按斯里兰卡著名考古学家塞纳拉特·帕拉

纳维塔纳教授的说法，这是个将当地的建筑和印度南
部及东南亚的建筑模式相结合的作品。以砖石砌筑的
建筑高约24米（四层，上层经重建），位于一个地势不
平的自然山岩上，装饰着传统的僧伽罗雕刻、康提时

（上）图6-371阿努拉德普
双浴池。北池景观（北望景

（下）图6-372阿努拉德普
双浴池。南池，台阶近景

（中）图6-373阿努拉德普
铜宫。残迹现状（一）

代的壁画和天棚画，特色极其明显（图6-286~6-292）。
在阿努拉德普勒，尚可看到五边形的布局，主要建筑
布置在中心；就这样，又回到了印度的布局模式。需
要指出的是，在后期，这些僧伽罗建筑最主要的特色
是全部用砖砌筑。只是带线脚的基台，除了用砖外，
也常用石料砌筑和雕饰，再一个采用石料的地方就是
同样需要制作线脚的门柱。

[菩提祠]

在斯里兰卡，对佛陀悟道菩提树的崇拜导致另一
种奇特的象征形式——菩提祠（bodhighara，bodhi-
菩提，ghara-家舍、祠堂）的诞生。这种围绕菩提树
而建的露天祠堂显然是人们将纪念佛陀的窣堵坡和对
释迦牟尼悟道成佛处菩提树的崇拜相结合的结果。尽
管数量不多，但由于构成了与窣堵坡类似的另一种佛

数建筑，因而具有一定的价值。在印度大陆地区，虽
然也有这种形式，但不像在斯里兰卡那样具有重要的
地位（图6-293）。

　　按著名的僧伽罗佛教经典《大史》的记载，位于
阿努拉德普勒大寺内的悟道菩提树是栽种在一个高
起的平台上，周围设有栏杆（vedika），主入口大门
（torana）位于北面，四根柱墩[每根都上承佛法的标
志物——法轮（dharmacakra[13]）]布置在主要入口及

其他三个位于正向的辅助入口处。从模仿菩提伽耶某
名菩提树的形式进一步演化出一种多柱式亭阁，平面
矩形，配南北两个入口和带装饰的低矮屋顶，平面中
央起平台，其上栽植圣树（显然是在露天处）。

本页及左页：

（左上）图6-375阿努拉德普勒 王室水园。现状外景

（左中及左下）图6-376阿努拉德普勒 王室水园。水池现状（排水孔位于底面中央）

（右上）图6-377阿努拉德普勒 帝沙湖。现状（自东岸望去的景色，可看到对面的砖砌堤岸）

（右下）图6-378波隆纳鲁沃 伦科特寺庙。遗址全景

　　鉴于多少个世纪以来发生的许多重大变化，现在我们已无法确定《大史》这段记载的真实性。不过，最近倒是发现了一个保存尚好的属8或9世纪的这种类型的实例——尼勒克格默菩提祠（位于库鲁纳格勒，

图6-294）。主要入口前布置了一块具有象征意义的半圆形石板——"月亮石"。当然，这种做法并不仅限于菩提祠，在具有象征意义的外入口前安置这类石板是僧伽罗宗教建筑的通常做法，也是其独具的特色

统一。现在不清楚的是在斯里兰卡有多少菩提祠，也不清楚它们和窣堵坡的关系和在宗教活动中起到了多大的作用。将《大史》中的记载和留存下来的实例加以比较似可看出，最初的菩提祠——尽管以圣树取代了收藏圣骨及遗物的覆钵——形制上仍然很接近窣堵坡，只是经历了长期缓慢的演变，两者的差异才开始拉大。在菩提祠，圣树既是世界的核心、佛法的象征，也体现了对佛陀的怀念和对生命的渴求，实际上已超出了其原始的象征意义。

[圆圣堂]

圆圣堂（伽罗语vaṭadāgē，另作dage、thupagara

本页及右页：
（左上）图6-383波隆纳鲁沃 基里
院。窣堵坡（大塔），远景

（右上及下两幅）图6-384波隆纳鲁
基里寺院。窣堵坡，不同时期的
效果

和cetiyagara，亦译支提舍）为斯里兰卡古代的一种
佛教建筑类型；尽管其中可能包含有某些来自印度的
影响，但在很大程度上仍属斯里兰卡独具的形式。这
是个内置小型窣堵坡的圆形厅堂，作为尊崇和维护对
象的窣堵坡位居室内中央，其上木构穹顶由周围的石
柱支撑（柱子稍稍离开窣堵坡外缘）。在这圈内柱外
围另布置两或三圈石柱。它们和以砖石砌筑的外部墙
体一起支撑外围木构屋顶。在更成熟的实例里，往往
还利用外墙的连续表面布置雕饰，或如8世纪的默迪
里吉里圆圣堂那样，布置外柱廊（外观如桑吉窣堵坡
的石栏杆）。无论是室内还是室外，对球体和曲线形
式（更准确地说是圆和半圆）的青睐在这里都表现得
非常明显。

圣堂中心的窣堵坡或建在圣地上，或内藏佛陀的
遗骨、遗物。波隆纳鲁沃圆圣堂的窣堵坡可能藏有佛
陀的牙齿，吉里坎迪的据信藏有佛陀的头发，图帕拉

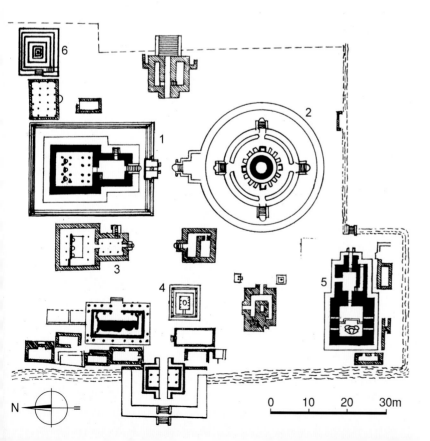

本页及左页：

（左上）图6-385波隆纳鲁沃 大理石寺。窣堵坡，西侧全景

（中上）图6-386波隆纳鲁沃 大理石寺。窣堵坡，东侧景色

（左中）图6-387波隆纳鲁沃 大理石寺。窣堵坡，东北侧近景

（左下）图6-388波隆纳鲁沃 圣区。总平面（取自HARLE J C. The Art and Architecture of the Indian Subcontinent, 1994年），图中：1、圣骨祠（第二佛牙祠）；2、圆圣堂；3、佛牙祠；4、尼桑卡拉塔柱亭；5、图帕拉默佛堂；6、萨特马哈尔庙塔

（中下）图6-389波隆纳鲁沃 圣区。石书（巨石长8米，宽4.25米）

（右下）图6-390波隆纳鲁沃 圣区。石书，铭文近观（记载国王尼桑卡·马拉入侵印度及与其他国家的关系史）

（中中及右上）图6-391波隆纳鲁沃 圣区。菩萨雕像

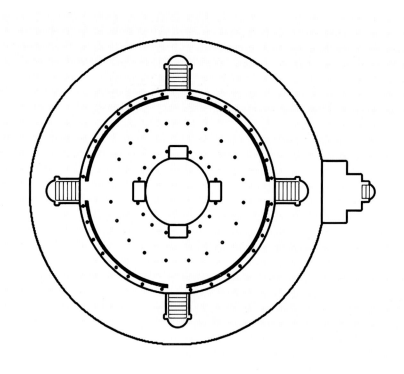

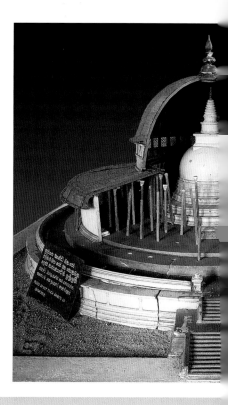

默塔圆圣堂藏其锁骨。阿特纳格拉和米欣特勒的据信都建在圣地上。窣堵坡大都安置在中心一个高起的圆台上（通常以石铺面）。周围石柱内圈最高，外圈柱随着远离中心高度递减。石柱的数量和排数则根据结构大小而定，在伦卡拉马的圆圣堂，最初有88根柱子（图6-295、6-296）。尽管在大多数情况下，按同心圆方式布置的这些石柱是用于支撑木构屋顶，但在某些圆圣堂里，是否建有屋顶尚存疑问。从石柱的配置

本页及左页：

（左上）图6-392波隆纳鲁沃 圣区。圆圣堂（12世纪），平面（据N. Chamal）

（中上）图6-393波隆纳鲁沃 圣区。圆圣堂，复原模型（阿努拉德普勒博物馆藏品）

（右上）图6-394波隆纳鲁沃 圣区。圆圣堂，东北侧景观

（下）图6-395波隆纳鲁沃 圣区。圆圣堂，西南侧全景

是所有的圣堂都遵守这一传统形制，如图珀勒默的圆圣堂就只有一个入口。入口处均有华美的装饰，通向上层平台的台阶亦有雕饰并配石栏杆（称korawak galas），台阶下方照例布置"月亮石"（sandakada pahana），边上有两座护卫石像（muragalas）。

在印度，某些古代窣堵坡基部可看到带雕饰的平台，如安得拉邦的阿玛拉瓦蒂窣堵坡。制作更为精美的锡兰圆圣堂可能受到这类结构的影响，但古代斯里兰卡建筑或多或少地保持了相对的独立性。

在斯里兰卡，现存的圆圣堂仅有10座，分别位于图帕拉默、伦卡拉马（以上均在阿努拉德普勒）、米欣特勒、波隆纳鲁沃、默迪里吉里（属波隆纳鲁沃地区）、阿特纳格拉（图6-297）、拉詹加纳（图

知，如果有屋顶的话，窣堵坡处当为穹顶，周围应建缓坡锥顶。上平台周围往往建有砖墙，有证据表明，墙内侧很多都饰有壁画。

圆圣堂通常配置位于正向上的四个入口。但并不

（下）图6-397波隆纳f
圣区。圆圣堂，南侧景f

右页：
（上）图6-398波隆纳f
圣区。圆圣堂，西侧景

（下）图6-399波隆纳f
圣区。圆圣堂，北侧（
口面），现状

本页：

（上）图6-400波隆纳鲁沃
圣区。圆圣堂，南侧，入口
近景

（下）图6-401波隆纳鲁沃
圣区。圆圣堂，西侧，入口
近景

右页：

（上两幅）图6-402波隆纳鲁
沃 圣区。圆圣堂，佛像近景

（下）图6-403波隆纳鲁沃
圣区。圆圣堂，月亮石，
饰细部

6-298）、梅尼克德纳、德文德勒和吉里坎迪（图
6-299）。其中最早的据信是瓦萨巴统治期间（公元
67~111年），围着一座已有的窣堵坡修建的图帕拉默
圆堂（见图6-325~6-329）。在这之后建造的一系列

这类建筑中，除了少数几座（米欣特勒和阿特纳格
的圆圣堂可能建于3世纪国王戈特伯亚统治时期，
里坎迪圣堂建于8世纪，波隆纳鲁沃的建于12世纪
外，大部分建筑的施主和建造时间均不详。目前保

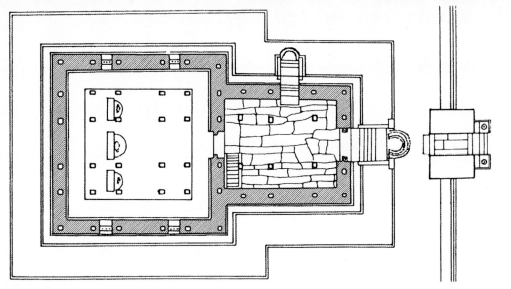

（上）图6-404波隆纳鲁
圣区。圣骨祠（第二佛
祠，12世纪后期），平
（取自SENEVIRATNA
The Temple of the Sac
Tooth Relic, Vol.1, 2(
年）

（中）图6-405波隆纳鲁
圣区。圣骨祠，自主入
轴线上向北望去的景色

（下）图6-406波隆纳鲁
圣区。圣骨祠，主入口
东南侧景观

相对较好的有三座，即波隆纳鲁沃、默迪里吉里和吉里坎迪圆圣堂，它们为探讨这类结构的形态变化提供了不少信息（默迪里吉里圆圣堂耸立在距市中心一公里处一个高台上。它和波隆纳鲁沃的同类建筑一样，于正向布置坐佛，并由一道围栏环绕窣堵坡。虽然屋顶现已无存，但大部分带柱头的柱子仍然立在那里，图6-300~6-302）。可能建于7或8世纪的拉詹加纳圆圣堂与其他圣堂的不同在于以方平台取代了通常的圆平台。波隆纳鲁沃圣堂则被视为这种类型的杰出实例和最后绝唱。

（上）图6-407波隆纳鲁沃
区。圣骨祠，内祠佛像

（左下）图6-408波隆纳
天 圣区。圣骨祠，内
雕像近观

（右下）图6-409波隆纳鲁
圣区。圣骨祠，入口
介两侧的卫士石刻

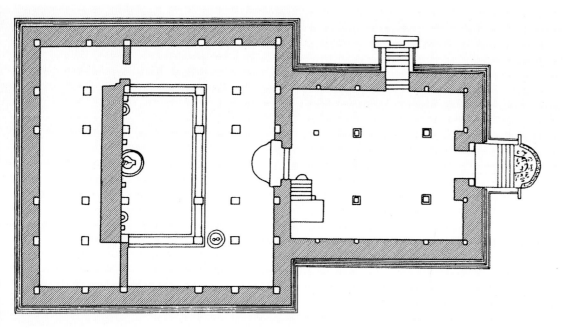

（上）图6-410波隆纳
沃 圣区。佛牙祠（1
纪下半叶），平面（取
SENEVIRATNA A. The T
ple of the Sacred Tooth Rel
Vol.1，2010年）

（下）图6-411波隆纳鲁
圣区。佛牙祠，遗址，南
全景

[雕刻]

　　这一时期斯里兰卡石雕艺术上最重要的成就是一批宏伟的圆雕佛像，其图像造型及风格的最初范本显然来自安得拉邦。到阿努拉德普勒王朝后期（约459~993年），雕刻与泰米尔纳德地区的发展开始具有了更紧密的联系（和德干地区的联系则相对较弱，如阿努拉德普勒的坐佛雕像：图6-303）。

　　在斯里兰卡，3~4世纪的立佛像中有的高度可达2.5米（图6-304）。阿武卡纳的岩雕巨像高14米，程式化的面相及火焰般的顶饰（śirasphota），其凿年代估计不早于8世纪（图6-305、6-306）；8~世纪完成的布杜鲁瓦加拉崖雕，属盛极一时的大乘教学派（Mahayana Buddhist School），其中央佛像16米，是岛上最大的佛像（图6-307~6-312）。在隆纳鲁沃的格尔寺院，12和13世纪的大型岩凿雕刻显表现出后期的风格特色（图6-313~6-320）。寺

（上）图6-412波隆纳鲁沃 圣
佛牙祠，自入口门洞望
祠

（下）图6-413波隆纳鲁沃 圣
佛牙祠，内祠佛像

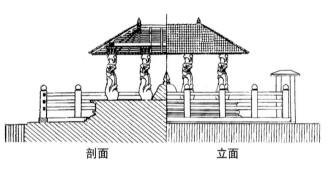

剖面　　　　立面

N

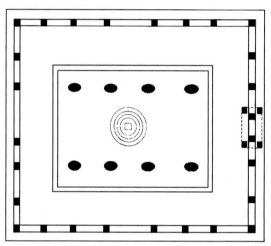

平面

一尊长14.12米的卧佛像（Parinirvāṇa Buddha），可能是表现将入涅槃的佛祖。坐佛雕像则几乎全都采用同一种姿态，图6-303所示为其中较早的一例（有的还配有德干风格的宝座靠背）。在波隆纳鲁沃的浪特古尔寺院（图6-321），一尊著名的双手持书的立像长期以来被认为是表现珀拉克勒默巴胡一世（图6-322、6-323）。

三、阿努拉德普勒

[窣堵坡]

自公元前3世纪至公元10世纪，斯里兰卡的首都

左页：

（左上及右）图6-419波隆纳鲁沃 圣区。尼桑卡拉塔柱厅，柱列及中央窣堵坡近景

（左下）图6-422波隆纳鲁沃 2号湿婆祠。东侧（入口面）近景

本页：

（上）图6-420波隆纳鲁沃 圣区。萨特马哈尔庙塔，现状

（下）图6-421波隆纳鲁沃 2号湿婆祠（11世纪）。远景

（上）图6-423波隆纳鲁沃□
号湿婆祠（13世纪）。遗□
东南侧全景

（中）图6-424波隆纳鲁沃□
号湿婆祠。东立面外景

（下）图6-425波隆纳鲁沃□
号湿婆祠。院落西墙近□

（上）图6-426波隆纳鲁沃 圣区。图帕拉
弗堂（12世纪），外观复原图（取自
RLE J C. The Art and Architecture of the
ian Subcontinent, 1994年）

（下）图6-427波隆纳鲁沃 圣区。图帕拉
弗堂，东北侧景观

一直在阿努拉德普勒。在历任国王的统治下，这座城
市作为国家和宗教首都的地位不断得到巩固和强化
（图6-324）。城市现存最早的窣堵坡是摩哂陀时代
（公元前3世纪）由僧伽罗国王提婆南毗耶·帝沙下令
兴建的图帕拉摩窣堵坡（图6-325～6-329），这也是

斯里兰卡历史上最早的佛塔。在初始阶段它只是一
座不大的窣堵坡，但到国王杜特加默尼（约公元前
161～前137年在位）统治时期已具有相当的规模。至
公元1世纪，上部建了一个锥形木构穹顶，成为以后
圆圣堂（vaṭadāgē）的原型。

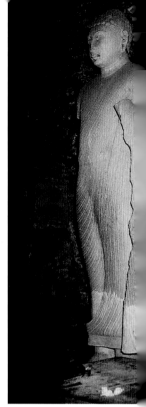

本页及右页：

（左上）图6-428波隆纳鲁
沃 圣区。图帕拉默佛堂
东南侧全景

（左下）图6-429波隆纳鲁
沃 圣区。图帕拉默佛堂
东侧景观（入口立面）

（右上）图6-430波隆纳鲁
沃 圣区。图帕拉默佛堂
墙面近景

（中上）图6-431波隆纳鲁
沃 圣区。图帕拉默佛堂
内景（尚存一些7世纪的石
灰石佛像）

（右下）图6-432波隆纳鲁
沃 兰卡·蒂拉卡佛堂（12世
纪下半叶）。东南侧外景
（右侧远景为基里寺院窣
堵坡）

由于斯里兰卡长期战乱，这个外观呈钟形的窣堵坡多次被毁；阿加波迪二世（598~608年在位）时期于全毁后被修复；现存结构系1842年重建。现状塔基直径18米，高19米，最外一圈基台直径约50.1米。围绕窣堵坡的四圈石柱属阿努拉德普勒后期所建，最初数量达176根，现还有41根立在那里。

接下来的德基纳窣堵坡和努旺维利大塔均始建于公元前2世纪。前者为一大型砖构建筑，系国王杜特加默尼火葬处。其名称系1946年经考古学家塞纳拉特·帕拉纳维塔纳鉴明（图6-330）。后者（努旺维利大塔）可能也是在这位国王统治时期进行了大规模的修复，是斯里兰卡最著名的窣堵坡之一，直径90米，高91.5米，基座外饰成排的大象，给人印象极为深刻。其庞大的体量几乎可与埃及金字塔媲美（图6-331~6-341）。

位于城市北面由国王沃特加默尼（约公元前89~前77

本页及右页：

（左上）图6-433波隆纳鲁沃 兰卡·蒂拉卡佛堂。东侧现状

（中上）图6-434波隆纳鲁沃 兰卡·蒂拉卡佛堂。内祠及佛像，近

（中下左）图6-435波隆纳鲁沃 蒂万卡佛堂。遗址现状

（右上）图6-436波隆纳鲁沃 蒂万卡佛堂。墙面浮雕（效法12世建筑的样式）

（中下右）图6-437波隆纳鲁沃 蒂万卡佛堂。墙面浮雕（在想象建筑造型上布置舞蹈的侏儒群像及神兽，檐口下雕肥鹅，底层央跨间立菩萨像）

（右中）图6-438波隆纳鲁沃 蒂万卡佛堂。室内，佛像残段

（右下）图6-439波隆纳鲁沃 蒂万卡佛堂。壁画残段

年在位）时期创建的无畏山寺（阿布哈亚吉里寺）属城市最早寺院之一（寺内各建筑：图6-342~6-349）。其窣堵坡（无畏山塔）最初规模虽然不大，但在公元2世纪国王格杰巴胡一世时期（约113~135年在位）进行了扩建，直径达到了惊人的108米，高度估计有106米（后因顶部破损，仅高74米，21世纪初进行了修复，图6-350~6-353）。

阿努拉德普勒城中最大的窣堵坡当属始建于国王默哈塞纳（摩诃舍那，273~301年在位）时期并在他儿子默格文纳一世任上完成的祇园寺塔（图6-354~6-361）。建筑组群占地约5.6公顷，窣堵坡基部直径约115米，方形基台边长176米，深8.5米的基础坐在岩床上。整个工程用了约9330万块烧砖（院落内的石碑铭文上刻有捐赠者的名单）。建筑最初高度达到122米，是世

（二）图6-442波隆纳鲁沃
牙祠庙（？）。入口面现状

（下）图6-443波隆纳鲁沃
拉克勒默巴胡宫（12世
）。遗址，东侧全景

本页：
（上）图6-444波隆纳
鲁沃·珀拉克勒默巴胡
宫。东北侧现状

（下）图6-445波隆纳
鲁沃·珀拉克勒默巴胡
宫。东南侧景观

右页：
（上）图6-446波隆纳
鲁沃·珀拉克勒默巴胡
宫。西南侧景色

（下）图6-447波隆纳
鲁沃·珀拉克勒默巴胡
宫。西北角近景

上最高的窣堵坡，在古代世界著名古迹中位居第三（仅次于埃及基寨的库孚和考夫拉金字塔；另说在除金字塔以外的世界古代建筑中，其高度仅次于现已无存的亚历山大里亚的灯塔）。窣堵坡基台四面皆有宽9米的入口台阶。台阶前安置作为守护象征的月亮石，上面以浮雕表现布置成环带的鸟兽、花卉图案。这是斯里兰卡特有的佛教雕刻类型，虽说相近的作品在早期的印度南部亦可见到，但远不及斯里兰卡的精美。内藏佛陀腰带的窣堵坡本身造型严谨，属印度早期笈多类型；其塔顶基台呈立方体形，伞盖部分变为圆锥形塔尖。

[寺院]

在阿努拉德普勒周围，有大量的寺院建筑群，城市西部还发现了一些供僧侣们静坐修行的精舍（只是长期以来一直被人们错误地称作宫殿）。

在阿努拉德普勒后期，较小的寺院按精确的对

称平面进行规划和布局，与其他地方完全异趣。在阿努拉德普勒郊区，还有一些建在岩石和山上的寺院（称pabbata vihāras，如伊斯鲁穆尼亚寺，只是它们和某些教派及无畏山寺之间的关系目前还是一个学术上有争议的课题；图6-362~6-365）。在典型的这类寺院中，中心要素是所谓"圣地"（sacred quadrangle），这是一个高起的大型台地或带外墙的

本页及左页:

(左上) 图6-448波隆纳鲁沃
拉克勒默巴胡宫。主殿, 内
景(自西南方向望去的景色)

(中上) 图6-449波隆纳鲁沃
拉克勒默巴胡宫。主殿, 西
北角近景(向北望去的景况)

(左下) 图6-450波隆纳鲁沃
拉克勒默巴胡宫。议事
堂, 西南侧全景

(右上) 图6-451波隆纳鲁沃
拉克勒默巴胡宫。议事
堂, 北侧现状(基台上雕大
象、狮子等动物形象)

(右下) 图6-452波隆纳鲁沃
拉克勒默巴胡宫。议事
堂, 西北侧近景

矩形围地, 在它的四个区域内, 分别安置窣堵坡、菩提祠、佛堂及仪典厅, 前两项几乎总是布置在南侧。小室(精舍)成组地围着它们布置(往往采取对称格局)。整个组群外绕壕沟或围墙, 或两者兼有。类似的布局可根据地形加以变化, 但四个位于各自区位内的主要组成部分恒定不变。采用五点式布局

（pañcāyatana pariveṇa）的组群，即由四组精舍和中央矩形殿堂（pāsāda，该词有殿堂、重阁、台观、高楼等意）组成的梅花式布局，是另一种独特的锡兰建筑类型；阿努拉德普勒的大型寺院是这种类型的最典型实例。所谓"禅修寺"（padhānaghara pariveṇas）的布局与之类似，只是在这里已开始按小型宫殿建筑的样式设计，两个矩形区段通过一个窄桥相连。

平台及某些粗加工的柱子是大量寺院中仅存的遗迹（图6-366）。平台多为砖砌，外覆石面，线脚——特别是位于阿努拉德普勒的——制作精细，具

（上）图6-453波隆纳鲁沃 珀拉克勒默巴胡宫。议事堂，东北侧景况

（中）图6-454波隆纳鲁沃 珀拉克勒默巴胡宫。议事堂，入口台阶，月亮石及护卫兽近景

（下）图6-455波隆纳鲁沃 珀拉克勒默巴胡宫。议事堂，内景（向北望去的情景）

（2）图6-456波隆纳
天 珀拉克勒默巴胡
议事堂，内景（向
望去的景色）

（3）图6-457波隆纳鲁
尼桑卡·马拉宫（12
纪下半叶）。议事堂，
南侧全景

第六章 次大陆其他国家·1663

（上）图6-458波隆纳
沃 尼桑卡·马拉宫。
事堂，东北侧景观

（下）图6-459波隆纳
沃 尼桑卡·马拉宫。
事堂，内景（向北望
的景色，可看到湖面

有古典的美。附属部件同样以石制作，包括台阶底部独特的半圆形凸出石板（月亮石），其中有些属阿努拉德普勒后期，制作完美，构图纯正，为次大陆最优秀的低浮雕作品（图6-367、6-368）。平台台阶两侧的栏杆好似自摩竭或大象的口中溢出（有时浮雕位于其外表面）。这些雕刻止于所谓护卫石，上雕多头的人形蛇王（nāgarājas）、向外溢出植物的瓶罐（pūrṇaghaṭas）及神话中的侏儒（bahiravas），风格

上非常接近11或12世纪朱罗王朝的作品（如图6-34所示）。图帕拉默寺庙附近的所谓"三叉戟神庙"的柱头为程式化的雷电造型（vajras），表现极为特殊，也可能代表了一种仅有的类型。位于扭曲茎干上呈莲花状的祭坛同样可视为僧伽罗寺院中的孤例。

无畏山寺院附近的双浴池是供僧侣沐浴的寺院浴池的最好实例（图6-369~6-372）。两个池子宽度一样，并列在一起，设若干台阶下去，但长度和深度不

（左上及下）图6-460波
隆纳鲁沃 尼桑卡·马拉
议事堂，狮子御
座，残存部分

（右上）图6-461波隆纳
鲁沃 王室浴池（可能
为12世纪）。地段全景

同（南北两池长度分别为43.6米和30米，中心处深度
南池为5.94米，北池4.57米）。两者边上均有阶梯状
的石护墙。所有细部都经过精心设计，水系规划亦表

现出很高的技巧。这个双池是岛上最重要的构筑物之
一，现已由当地考古部门精心修复，恢复了原来的优
雅和简洁。

[世俗建筑]

在阿努拉德普勒，市中心实际上是个为宗教寺院所包围，用于居住、商业和政治活动的特定地区。当然，这种城市布局，倒不一定是出自有意识的规划。大型建筑中，古代铜宫（由于屋顶覆铜瓦而得名）的残迹已得到鉴明（图6-373、6-374）。从编年史记载可知，这曾是一座高九层的建筑。其一边长为12米，柱墩40排，每排40根，共1600根。最初配有餐厅（refectory）、诵戒堂（uposathagara）、会堂（simamalake）等。建筑毁于国王瑟德帝沙统治时期。

除了铜宫外，市内尚有王室水园（创建于公元

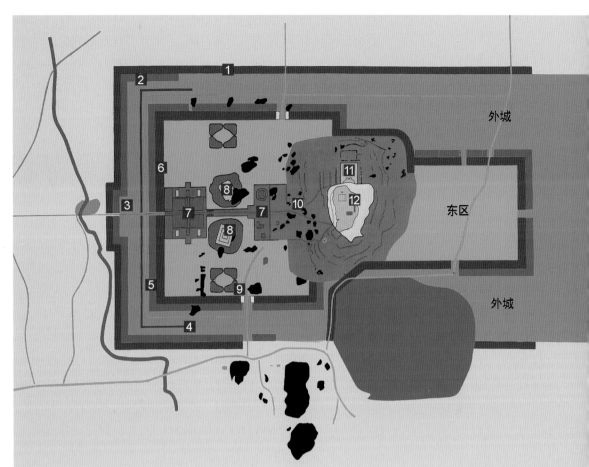

（上）图6-464锡吉里耶（狮子宫堡。总平面（图中：1、外围墙；2、外壕沟；3、入口；4、中围墙；5、内沟；6、内围墙；7、水园；8、夏宫；9、南门；10、砾石公园；11、狮爪台；12、宫殿组群）

（下）图6-465锡吉里耶 宫东侧，俯视全景（宫堡所在地高出平原183米）

本页及左页：

（左上）图6-466锡吉里耶 宫堡。南侧，俯视全景

（左下）图6-467锡吉里耶 宫堡。西侧，远景

（中上）图6-468锡吉里耶 宫堡。北侧（前景为入口狮爪门），现状

（右上）图6-469锡吉里耶 宫堡。狮爪门，近景

（中下及右下）图6-470锡吉里耶 宫堡。镜墙及通向壁画的螺旋梯道

前3世纪帝沙王时期，但目前看到的欢愉阁等建筑属8~9世纪；院内建筑布置在三个台地上，水通过管道和沟渠自上台地流向下台地；图6-375、6-376）、御园、大量的石构浴室、帝沙湖（实为人工挖的大蓄水池，在国王提婆南毗耶·帝沙任内开挖并以他的名字命名，图6-377）及其大坝（建于公元3世纪）等遗址。

（上）图6-471锡吉里耶
堡。山顶，宫殿组群及水
（西南侧景观）

（下）图6-472锡吉里耶
堡。宫殿，水池一角

就目前人们掌握的情况来看，在官员、个人的居所和社区建筑之间，显然存在着明显的差异。据说，首批寺院居所中，有的简朴如简单的洞窟，有的却非常豪华，如军队司令迪格森达将军赠给摩哂陀的宅邸。据《大史》记载，它直指上天，"周以华美的围墙并配有豪华的楼梯"。城市的所谓"象舍"很可能就是这样一座豪宅的遗迹。由卡尼特-塔帝沙出资兴

建，之后又由摩哂陀二世（777~797年[14]）花了30万金条重建的这座建筑，配置了巨大的基台和大量的柱墩，无疑可和最豪华的王室宫邸相媲美。

四、波隆纳鲁沃

993年，印度南方泰米尔朱罗王朝国王拉贾拉贾

（上及下）图6-473锡吉里耶
堡。宫殿，通向御座厅的
台阶及御座

（中）图6-474锡吉里耶 宫
殿。位于山坡上的台地花园

一世（985~1014年在位）攻占了阿努拉德普勒，城
市遭到严重破坏；1070年，国王维阇耶巴胡一世（大
帝）击败了朱罗王朝的进犯，重新统一国家，并以波
隆纳鲁沃取代阿努拉德普勒作为第二个都城。在这段
时期（约1055~1270年），砖的采用得到普及，而此
前的古代建筑除了基础和柱墩外，很多都采用不耐久
的材料（主要是木料）建造，因而无数世俗或宗教建
筑的墙体、上层及顶部结构都已不复存在，很难对其
外貌进行复原。

本页及右页：

（左上及中上）图6-475锡吉里耶 宫堡。水花园，俯视全景（自山顶向西望去的景况）

（左下及右上）图6-476锡吉里耶 宫堡。花园，水池及建筑遗迹

（右下）图6-477锡吉里耶 宫堡。镜墙壁画

本页：

（上下两幅）图6-478锡吉里
宫堡。壁画细部（可能
表现飞天或宫女，柔和的
态、高雅的手势、丰富的
情，以及华丽的服饰，使
世纪末的这批壁画成为东
艺术的杰作）

页：

上）图6-479丹布拉 大窟
现状（自西面望去的景色）

下）图6-480丹布拉 大窟
外景（自东南侧望去的
景象）

页：

二下两幅）图6-481丹布拉
窟群。内景

页：

上下两幅）图6-482丹布拉
窟群。坐佛及卧佛群像

珀拉克勒默巴胡一世（大帝，1153~1186年在位）统一了岛上的三个小王国，进一步促成了各个教派之间的和解，恢复和扩建了遍布各地的灌溉系统。除修复阿努拉德普勒和米欣特勒的建筑外，这位帝王还在波隆纳鲁沃展开了斯里兰卡最后一次大规模的建筑活动，使这座城市很快发展成为亚洲的一个大都

会，留存下来的古建筑已于1982年被列入世界文化遗产名单。

[窣堵坡及圆圣堂]
建于国王尼桑卡·马拉（1187~1196年在位）时期的伦科特寺庙窣堵坡，高54米，为斯里兰卡第四大窣

堵坡，覆钵土筑，外覆砖及灰泥（图6-378~6-382）。北面500多米处仿古覆钵式的基里寺院窣堵坡（大塔，图6-383、6-384）为斯里兰卡目前保存较好的窣堵坡之一，其施主可能是珀拉克勒默巴胡的一位王后。最初外部为近白色的抹灰，故有"乳白窣堵坡"之称（现又刷成白色，见卫星图）。另在伦科特寺庙窣堵坡以南近一公里的大理石寺内，尚存一座呈两阶覆钵式的窣堵坡，唯规模稍小（图6-385~6-387）。

不过，在这座都城，无论在规模还是艺术处理上，给人印象更为深刻的无疑是作为斯里兰卡特有建筑类型的圆圣堂（vaṭadāgē, watadage）。建于12世纪的这座圆圣堂和其他建筑一起构成波隆纳鲁沃著名的圣区（图6-388~6-391），它本身则是这种类型精美的实例（图6-392~6-403）。建筑由叠置的两平台组成。通过位于下平台的四个正向台阶通往上台；为四个佛陀坐像所环绕的窣堵坡和成同心圆布置的三圈石柱及一道屏墙均布置在上平台处；内圈柱高，外圈柱随着远离中心高度递减。屋顶支撑在这成圈布置的石柱上。中央最初当为圆锥形屋顶，周次级屋顶较低，两者之间设高窗采光。所有这些都表明，这类圆堂和喀拉拉邦的圆形印度教祠堂有着密切的关联。

（上）图6-483米欣特勒
水潭石窟（寺）。遗址现

（右下）图6-484库鲁纳格
县阿伦卡尔石窟。外景

（左下）图6-485潘杜瓦
努瓦拉 宫殿（12世纪下
叶）。遗址现状

（上下两幅）图6-486潘杜瓦
努瓦拉 佛教建筑。遗迹
状

　　四个正向入口台阶两边立带护卫雕像的石碑，台阶竖板上雕跳舞的侏儒。每个入口都对着台地上以窄者坡为背景的坐佛像。各组台阶前均设半圆形的"月亮石"，外圈雕成排的鹅，向内依次雕象及马，和早期阿努拉德普勒的月亮石相比，省去了狮子和公牛。

栏杆上的怪兽及两侧的护卫造像则和同时期印度南方印度教神庙的做法类似。

[祠庙及佛堂]
　　同在城市圣区内，位于圆圣堂北边的圣骨祠

（圣牙祠，亦有人认为是王宫，图6-404~6-409），
建于国王尼桑卡·马拉时期（1187~1196年在位），为
一个平面凸字形的建筑，上层已毁。入口处立门工
（Dvarapala）像，内置三尊佛像。表现印度南方古
典舞（Bharat Natyam）的浮雕饰带可能是已知最早的

本页及左页：

（左上）图6-487亚帕胡瓦
宫堡（13~14世纪）。通向
宫堡的大台阶

（中）图6-488亚帕胡瓦
宫堡。台阶和入口门楼，
全景

（右上）图6-489亚帕胡瓦
宫堡。台阶和入口门楼，
近景

（右下）6-490亚帕胡瓦
宫堡。门楼，西侧景色

（左下）图6-491康提 纳
塔祠（14世纪）。现状

这类形象记录。

　　紧靠圣骨祠西面为圣区内最古老的一座建筑，可能是国王维阁耶巴胡大帝（1055~1110年在位）建造的佛牙祠（图6-410~6-414）。祠高两层，收藏佛牙和圣钵的木构上层已毁；屋顶由木梁支撑，上铺泥瓦。内祠前布置了一个柱厅式的结构，但仅留一些基础和立柱，有的柱子雕刻精美，在斯里兰卡颇为罕见。

　　佛牙祠西面为尼桑卡拉塔柱厅，建筑之名来自现场的一则泰米尔铭文（图6-415~6-419）。从现场遗

本页：

（上）图6-492康提 王室陵

（17世纪初）。现状

（左下）图6-493康提 佛

寺。平面（1765年，图版，取

SENEVIRATNA A. The Te

ple of the Sacred Tooth Reli

Vol.1, 2010年，下同）

（右下）图6-494康提 佛

寺。平面（现状）

右页：

（上）图6-495康提 佛牙寺。

体建筑，平面

（下）图6-496康提 佛牙寺。

体建筑，纵剖面（剖线位置

图6-495，E-F）

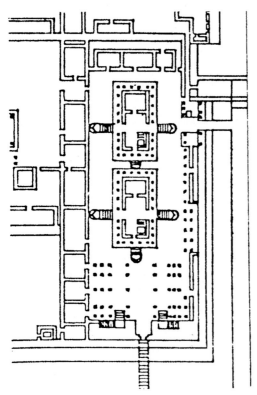

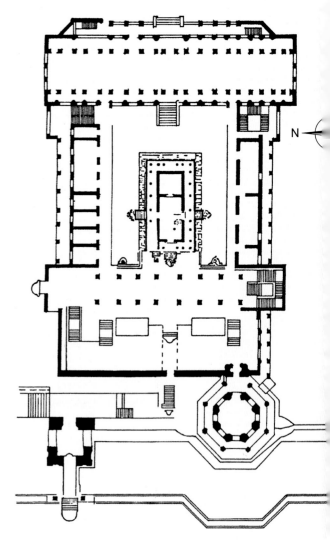

迹上看，可能是一座周以围栏、由八根柱子支撑木构坡屋顶的开敞厅堂。不同寻常的柱子想必是效法莲花茎干（柱头似未开放的花苞），为斯里兰卡石雕艺术最后阶段的代表作，类似的柱子还可在其他地方看到。另一则铭文证实，其施主、国王尼桑卡·马拉（1187~1196年在位）正是在这里听取佛教经文《保

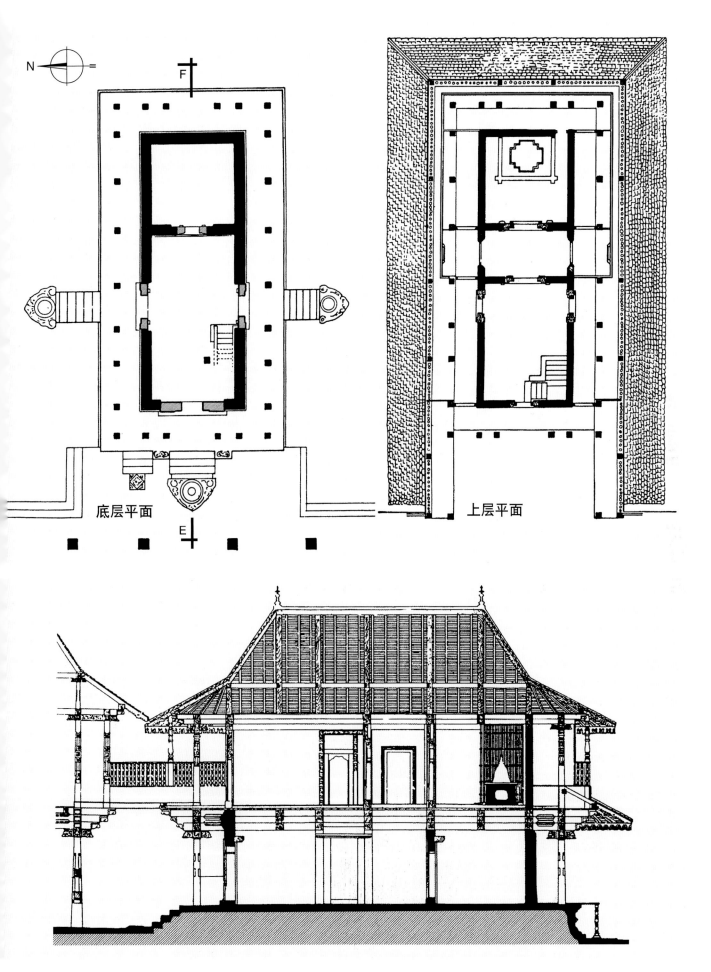

底层平面

上层平面

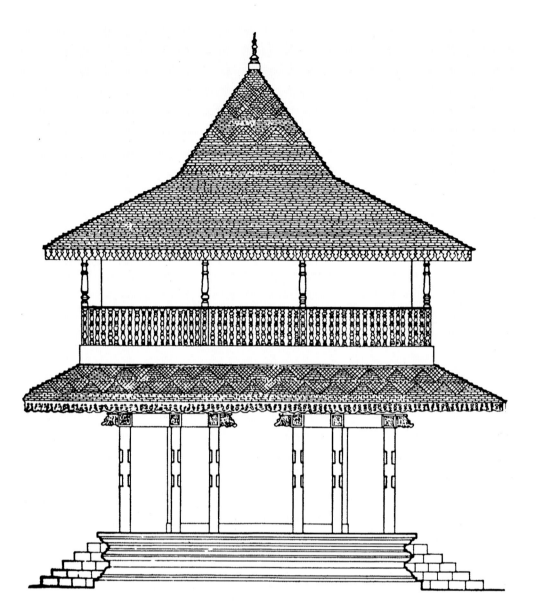

（上）图6-497康提 佛牙寺
主体建筑，东立面

（下）图6-498康提 佛牙寺
19世纪初景象（版画，181
年，作者William Lyttleton）

上）图6-499康提 佛
寺。19世纪中叶状
[版画，取自当时
《伦敦新闻画报》
Illustrated London
ews）]

下）图6-500康提 佛
寺。19世纪中叶景观
版画，作者O'Brien,
864年）

佑众生》（*Pirith*）的唱诵。建筑中央立一小型石雕窣堵坡，唱诵时顶上可能搁置圣骨盒。

在圣骨祠东北有一座具有方形平面及六个退阶层位的阶梯金字塔状结构，现名萨特马哈尔庙塔（图6-420）。实际上，有关这座建筑的古代名称、具体功能等情况均未查明。尽管人们知道国王珀拉克勒默巴胡大帝（1153~1186年在位）曾在这座城市建造了一座名萨特马哈尔庙塔的建筑，但是否就是这座尚无确切证据。这是一种少有的类型，颇似泰国南奔的库库特寺窣堵坡。

在公元1000年左右朱罗王朝的统治下，斯里兰卡自然更多地受到来自印度南方的影响。如建于国王拉贾拉贾时期（即朱罗占领初期）的2号湿婆祠（拉贾拉贾同时也是印度南方坦焦尔的布里哈德什沃拉寺庙

图6-501康提 佛牙寺。壁画
公主送佛牙[作者Walimu
Solias Mendis（1897~19
年），据载，313年，古印
羯陵伽遭邻国攻击，国王
哈塞瓦恐佛牙被敌人掠去
便命女儿赫曼丽和女婿一
将佛牙舍利送往狮子国；
存康提佛牙寺的这颗佛牙
利，遂成为斯里兰卡宗教
王权的象征]

的创建者）。这是波隆纳鲁沃最老的印度教祠堂（图6-421、6-422）。从现场发现的一则泰米尔铭文可知，这座小祠是为了纪念拉贾拉贾的一位名瓦纳万玛提毗的王后而建。祠堂中心的主要供奉对象是一个石雕湿婆林伽像。基址上还发现了许多印度教神祇的雕像，包括祠堂前的南迪像。

1号湿婆祠（图6-423~6-425）古代的名字及施主

均不可考，但从建筑风格上看，应属13世纪，也就是说，比2号祠约晚两个世纪（两者皆为这个岛国上极少数完全以石砌造的古代建筑）。由于它位于城堡和圣区之间，显然是当时的一座重要祠堂，其主要尊崇对象是内祠里的石雕林伽（lingam）。

在波隆纳鲁沃，三座大型佛堂（gedige，特指带厚墙内置佛像的拱顶祠堂）里大量采用了砖结构，上

（上）图6-502康提 佛牙
寺。西南侧俯视景观

（下）图6-503康提 佛牙
寺。西南侧全景

图6-504康提 佛牙寺。西
近景

部筒拱顶大都采用叠涩拱券，通过内部楼梯通向三或四个上部楼层，并配有大量的灰泥装饰。三座里规模最小但可能是年代最早的一个是位于圣区圆圣堂西南的图帕拉默佛堂（图6-426~6-431）。其砖墙厚3米以上，建于国王维阁耶巴胡一世（1055~1110年在位）期间，是这类建筑中保存得最好的一座，也是尚存屋顶的唯一例证。凉爽的室内有制作优美的坐佛和站立的菩萨像。外部可明显看到来自印度的影响。

位于基里寺院窣堵坡南面的兰卡·蒂拉卡佛堂，由国王珀拉克勒默巴胡一世出资建造（12世纪，图6-432~6-434），入口处立带沟槽的宏伟壁柱。如过道般的内祠两边耸立着高16米的厚墙，端部安置一尊

高14米的立佛像（头部已毁）。狭长的窗户进一步强调了建筑的高耸效果。

和兰卡·蒂拉卡佛堂一样，蒂万卡佛堂内部同样安置了一尊巨大的砖构立佛像（外抹灰泥）。其外部灰泥装饰尤为精美，菩萨造像和达罗毗荼后期风格的多层微缩祠堂可能是模仿现已无存的这些建筑的上层结构（图6-435~6-439）。内部尚存具有古典风格表现本生故事及佛陀生平的后期壁画。值得注意的是，这些宏伟的建筑无论在平面还是结构上，皆为本土匠师的创作，和印度南部似乎没有多少关联。

在波隆纳鲁沃，其他佛教建筑尚有距梅迪里吉里亚镇约一公里的一座圣堂（图6-440）和另一栋据称

本页及右页：

（左上）图6-506康提 佛牙寺。主入口细部

（右上）图6-507康提 佛牙寺。底层，通向内祠入口的通道

（右下）图6-508康提 佛牙寺。底层，入口通道壁画条带

（左下）图6-509康提 佛牙寺。底层，入口通道天棚彩绘

（中两幅）图6-510康提 佛牙寺。底层，通向内祠的主要入口

保存有佛牙的建筑（图6-441、6-442），两者现已为残墟。

[宫殿及附属建筑]

国王珀拉克勒默巴胡大帝（1153~1186年在位）时期建造的王宫（珀拉克勒默巴胡宫），位于波隆纳

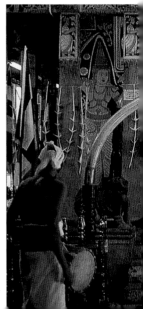

鲁沃圣区以南约500米处，是个规模很大的建筑组群（图6-443~6-449）。宫区配置了双重围墙，一个大的开敞前院。带沉重砖墙的主体结构高七层（上面四层木构），底层平面类似阿努拉德普勒的"维阁耶巴胡"宫以及潘杜瓦斯努瓦拉和亚帕胡瓦的宫殿。巨大的方形平面周边布置为廊道环绕的系列房间，中轴线

上安置前厅及觐见厅等大型厅堂，大量柱厅中还包括宴会厅及舞厅（均为木构，抹灰并施彩绘）。周围绕以院落及其他辅助房间。

王宫建筑大部残毁，遗址上尚有部分主体结构的厚重砖墙及朴实的方形石柱耸立在那里，其余部分仅存砖构基础。有证据表明宫殿毁于火灾。高三层残墙

上的插口显然是用来承接大的木梁。僧伽罗佛教经典《大史》（Mahavamsa）称宫殿周围曾有房屋千余间（可能用于宗教仪式、娱乐消遣，或作为辅助用房及仓库贮存），大部遗迹尚可辨别。

宫院内的议事堂，同样建于国王珀拉克勒默巴胡一世（大帝，1153~1186年在位）时期。为一个立于三阶基台上的柱列厅堂，基台下部及中部的石板饰带上分别表现大象及猴子（图6-450~6-456）。木构

屋顶由石柱墩支撑，建筑可能于16世纪更新。尼桑卡·马拉（1187~1196年在位）的宫殿组群位于珀拉克勒默巴胡宫西北方向的湖水边。其议事堂位于王室花园内，是个具有类似布局的厅堂（图6-457~6-460），唯柱子更为粗壮，面上刻有与会者的名号及指定的座席（参加会议的有各种人士，从王侯、王后、将军直到商人）。

其他王宫附属设施尚有可能建于12世纪的王室浴池（图6-461~6-463）等。

五、其他地区

从阿努拉德普勒早期到后期，内战和泰米尔人的入侵时有发生。这一时期最重要的事件是迦叶波一世（约473~495年在位）篡位登基。他推翻了父王的统治，接着又通过宫廷政变剥夺了他哥哥作为王位合法继承人的权力。在建筑上，他最重要的业绩是在高120米由巨大花岗岩砾石构成的锡吉里耶（狮岩）顶部建了一座砖构设防宫堡（图6-464~6-476）。入口台阶位于岩层下方以砖和灰泥制作的巨大狮爪之间，从台阶顶部还需攀登立于悬崖面上的梯子才能抵达宫殿。山下早期的居民点则被改造成一个带有池塘及瀑布的台地式休闲花园（水花园），所有这些都被纳入一个设防围地内。通向顶部的廊道岩面上有表现飞天的著名蛋彩壁画，其风格类似同时期阿旃陀的壁画（图6-477、6-478）。

在这一地区，与世隔绝的苦行僧的隐修处和洞窟居所，后期也被虔诚的信徒加以美化和修缮。在这方

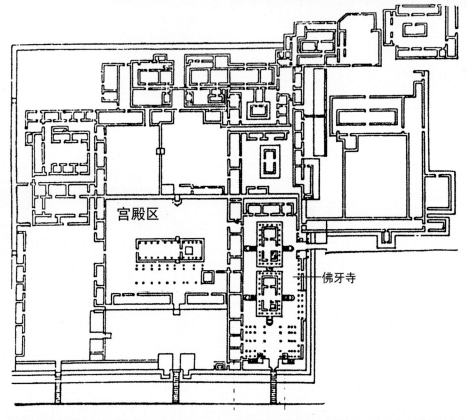

左页：

（左）图6-514康提 佛牙寺。上层，雕饰
细部

（右）图6-515康提 佛牙寺。保护圣牙的
金银门

本页：

（上两幅）图6-516康提 佛牙寺。金银门
及其内的圣牙盒

（下）图6-517康提 宫殿（16~19世纪）。
平面（1765年）

宫殿区

佛牙寺

面最著名的实例有丹布拉的大窟群（图6-479~6-482）
黑水潭石窟（位于米欣特勒附近，图6-483）和阿[f
卡尔石窟（位于库鲁纳格勒县，图6-484），所有[
些石窟后期都增砌了砖墙或被改造成圣所。

潘杜瓦斯努瓦拉的宫殿系由当时只是一个地方[
治者的珀拉克勒默巴胡一世（约1153~1186年在位）
建造，位于一座仅有一个入口的砖构城堡内，和[
隆纳鲁沃的珀拉克勒默巴胡宫相比，规模稍小（[
6-485）。在这里还发现了一些其他的佛教遗迹（[
6-486），以及带有大象及其他雕饰母题的大型[
板。宫中另建有一座具有相当尺度的佛牙庙。

大部分以石砌造的亚帕胡瓦的宫堡建于13~14世
纪，属斯里兰卡这类建筑的后期实例（图6-487~6-490）
建筑位于一个蔚为壮观的基址上，采用了这一时期[
度南方的风格。保存得很好的入口和通向大门的宏
伟台阶是将达罗毗荼建筑手法用于"世俗"工程[
罕有实例。

继波隆纳鲁沃之后，随着国势衰颓，都城再次[
移至康提。在那里，现存最早的建筑是建于14世纪[
纳塔祠（为现佛牙寺周围的四座印度教和佛教祠[
之一，图6-491）。成立于1469年的康提王国（Kandy
Kingdom）是自15世纪90年代起，斯里兰卡岛上唯一

（上）图6-518康提 宫殿。建筑群立面
（含佛牙寺，19世纪初期，作者William
Lyttleton）
（中上）图6-519康提 宫殿。现状外景
（下）图6-520康提 宫殿。觐见厅，立
面（取自SENEVIRATNA A. Gateway to
Kandy，Ancient Monuments in the Cen-
tral Hills of Sri Lanka，2008年，左侧示
延伸部分）
（中下）图6-521康提 宫殿。觐见厅，现状

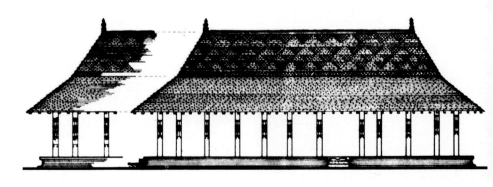

图6-522康提 宫殿。带雕饰的木柱

独立的本土政权。这一时期人们又开始转向建造纯本土风格的建筑，如康提的王室陵寝（17世纪初，为城市第二座最古老的遗迹，图6-492），特别是佛牙寺（平面、立面及剖面：图6-493~6-497；历史图景：图6-498~6-500；壁画：图6-501；外景：图6-502~6-506；内景及装修：图6-507~6-516）和宫殿（建于16~19世纪，在留存下来的建筑中，最值得注意的觐见厅是一座带有本堂和边廊、雕饰丰富的木构建筑，图6-517~6-522）。

第六章注释：

[1]松赞干布（Songzän Gambo，约629~650年在位），原名赤松赞（Chisongzän），"松赞干布"为其尊号，意为"心胸深邃的松赞"。

[2]另说337~422年，据山西省社会科学院王勇红的研究，法显生年应为332~341年，卒年为418~423年。

[3]《摩诃婆罗多》(Mahabharata)，另译《玛哈帕腊达》，意为"伟大的婆罗多王后裔"。

[4]阿弥陀佛（梵语：Amitābhā、Amitāyus），即无量光佛、无量寿佛，又称无量佛、无量清净佛、弥陀佛、甘露王如来等；大乘佛教各宗派普遍接受阿弥陀佛，而净土宗更以专心信仰阿弥陀佛为其主要特色。

[5]文殊菩萨（梵语：Mañjuśrī，意译"妙吉祥"；Mañju，意为美妙、雅致；śrī，意为吉祥、美观、庄严），又称文殊师利菩萨、曼殊室利菩萨、妙吉祥菩萨；佛教四大菩萨之一，释迦牟尼佛的左胁侍菩萨，代表智慧。因德才超群，居菩萨之首，故称法王子。

[6]辩才天女（Sarasvatī），简称辩才天，音译萨拉斯瓦蒂、娑罗室伐底，是印度教、婆罗门教的重要女神，代表医疗、子嗣、财富、智慧、美貌和音乐；一般认为是主神梵天之妻。

[7]在印度南部，其对应的词是vimana（棱锥形屋顶），在这里要注意和印度南部寺庙的门塔（gopuram）相区别。

[8]般度五子（Pāṇḍavas），般度为史诗《摩诃婆罗多》中般度族的始祖，生有五子。

[9]当然，其中也夹杂着某些婆罗门教乃至耆那教的要素，像湿婆这样一些传统的印度教神祇，仍然占有重要的地位。岛东南卡塔拉迦玛的祠庙也继续吸引着大量前来朝拜的佛教徒、印度教徒乃至穆斯林。

[10]摩哂陀（梵语：Mahendra，巴利语：Mahinda，另译摩酰因陁罗、摩呻提，生卒年不详），印度孔雀王朝阿育王时代的

佛教长老，将分别说部引入斯里兰卡，被认为是南传上座部佛教的起源。赤铜鍱部的《善见律毗婆沙》记载他是阿育王长子，受阿育王派遣，将佛教传入斯里兰卡岛。另据北传佛教传说，他是阿育王的同母弟弟。玄奘《大唐西域记》《善见律毗婆沙》《阿育王传》及《阿育王经》中亦有类似记载。

[11]为斯里兰卡岛三个历史地区之一，另两个是位于西南的

马亚（达基纳）区和位于东南的卢胡纳区。

[12]觉音（梵文Buddhaghosa，另译佛音），5世纪期间印度佛教僧侣，南传佛教史上的重要人物。

[13]在古印度，"轮"既是一种农具，也是一种兵器。佛教借用"轮"来比喻佛法无边，具有摧邪显正的作用。

[14]另说787~807年。

·全卷完·

附录一 地名及建筑名中外文对照表

A

阿巴内里Ābānerī
  赫尔瑟特祠庙Harṣat Mātā Temple

阿迪什沃拉图克Adishvara Tuk
  阿底那陀庙Ādinātha Temple

阿尔西凯雷Arsikere
  伊什神庙Ishvara Temple

阿格拉Agra
  红堡Red Forts

阿哈尔（阿哈德）Āhār（Āhaḍ）
  米拉神庙Mīrā Temple

阿加斯蒂亚湖Agasthya Lake

阿拉伯半岛Arabian Peninsula

阿拉伯海Arabian Sea

阿拉哈巴德Allahabad
  阿育王柱Commemorative Column of Asoka

阿拉拉古佩Aralaguppe
  琴纳克神庙Chenna-Keshava Temple

阿拉姆普尔Ālampur
  库马拉梵天祠庙Kumara Brahma Temple
  纳沃布勒赫马组群Navabrahmā Group
    伯勒梵天祠庙Bala Brahmā Temple
    斯沃加梵天祠庙Svarga Brahmā Temple
    特勒克梵天祠庙Taraka Brahmā Temple
    维斯沃梵天祠庙Viśva Brahmā Temple
  帕帕纳西神庙Papanasi Temples
  桑加梅什沃拉神庙Sangameshwar Temple

阿勒皮县Allepey District

阿里卡梅杜Arikamedu

阿利拉杰普尔Alirajpur
  马拉瓦伊神庙Malavai Temple

阿马拉瓦蒂（阿摩罗波胝）Amarāvatī（Dharanikota）
  厄默雷斯沃拉神庙Amarevara Temple
  窣堵坡Stupa

阿明Amīn

阿默达巴德Ahmadabad

  城堡Fort
  周五清真寺Friday Mosque

阿姆巴尔纳特Ambarnātha
  神庙Temple

阿姆里Amri

阿姆利则Amritsar
  金庙（"神邸""圣院"）Sri Harmandir Sahib（Darbar Sahib，Golden Temple）

阿姆罗尔Amrol
  拉梅什沃拉-摩诃提婆祠庙Rameshvara Mahadeva Temple
    拉蒂纳祠堂Latina Shrine

阿内贡迪Anegondi
  加根宫Gagan Mahal

阿努拉德普勒Anurādhapura
  大寺（大佛教寺院）Mahā Vihāra（Mahavihara，Maha Viha-raya）
  德基纳窣堵坡Dakkhina Stupa
  帝沙湖Tisavava（Lake Tissa）
  伦卡拉马Lankarama
    圆圣堂Vaṭadāgē
  努旺维利大塔Ruwanveliseya（Ruwanwelisia，Mahāthūpa）Dāgaba
  祇园寺Jetavana Monastery
    祇园塔（窣堵坡）Jetavanarama Dagoba祇园塔
  三叉戟神庙Trident Temple
  双浴池Kuttam Pokuna
  铜宫Lohapāsāda（Lohaprasadaya，Lovamahapaya，Brazen Palace）
  图帕拉默寺院Thūpārāma Vihāra
  图帕拉默窣堵坡（塔，圆圣堂）Thūpārāma Dagaba（Vaṭadāgē）
  "王后亭"'Queen's Pavilion'
  王室水园Magul Uyana（Royal Water Gardens）
  "维杰亚巴胡"宫'Vijayabahu' Palace
  无畏山寺（阿布哈亚吉里寺）Abhayagiri Vihāra
    次居堂Associate Residential Unit
    佛堂Image House

"旗柱" Dhwajasthambha（Dhvajastambha）

21号窟（拉梅斯沃拉窟）Cave 21（Ramesvara）

29号窟（杜梅-莱纳祠庙）Cave 29（Dhumer Lena Temple）

30号窟（小凯拉萨庙）Cave 30（Chhota Kailash、Chotta Kailasha）

31号窟Cave 31

32号窟（因陀罗窟）Cave 32（Indra Sabhā）

　萨尔瓦托巴陀罗祠堂Sarvatobhadra Shrine

33号窟（扎格纳特窟）Cave 33（Jagannatha Sabhā）

34号窟Cave 34

埃皮达鲁斯Epidaurus

埃图默努尔Ettumanur

摩诃提婆（"大自在天"）神庙Mahādeva Temple

艾哈迈德讷格尔Ahmadnagar

艾霍莱Aihole（古代Ayyavoḷe）

9号庙Temple 9

12号庙（塔拉帕庙）Temple 12（Tarappa Guḍi Temple）

13号庙（高达尔庙）Temple 13（Gauḍarguḍi Temple）

14号庙（胡奇马利庙）Temple 14（Huchimalliguḍi Temple）

15号庙（希基庙）Temple 15（Cikki Guḍi Temple）

37号庙Temple 37

38号庙Temple 38

73号庙（马利卡久纳庙）Temple 73（Mallikārjuna Temple）

阿姆比盖组群Ambigergudi Group

巴嫩蒂神庙Banantiguḍi Temple

杜尔伽神庙Durga Temple

胡恰皮亚寺院Huchappayya Matha Temple

昆蒂组群Kunti Temples（Konti Gudi Temples Group）

拉德汗神庙Lāḍ Khān Temple

拉沃纳-珀蒂石窟寺Ravana Phadi Cave Temple（Rāvaṇaphadi Cave）

梅古蒂耆那教神庙Meguti Jain Temple

塞塔沃神庙Settavva Temple

爱奥尼亚Ionia

安伯Amber

宫殿（城堡）Palace（Fort）

杰加特-希罗马尼寺Jagat Shiromani Temple（1599年）

安得拉邦Āndhra Pradesh

安德尔Andher

安蒂恰克（村）Antichak

超戒寺（超行寺、超岩寺）Vikramaśīla Vihāra（Vikramasila Mahavihara）

安贾内里Anjaneri

安尼盖里Annigeri

阿姆泰斯沃拉神庙Amrtesvara Temple

奥尔恰Orchha

奥朗加巴德Aurangabad

1号窟Cave 1

2号窟Cave 2

3号窟Cave 3

4号窟Cave 4

5号窟Cave 5

6号窟Cave 6

7号窟Cave 7

8号窟Cave 8

9号窟Cave 9

奥里萨邦Orissa

奥瓦Auwā

卡梅斯沃拉神庙Kāmeśvara Temple

湿婆庙Temple of Lord Shiva（Kameshwar Mahadev）

奥西安Osian

诃利诃罗1号庙Harihara Temple No.1

诃利诃罗2号庙Harihara Temple No.2

诃利诃罗3号庙Harihara Temple No.3

皮普拉庙（9号庙）Pipla Devī Temple（Temple 9）

毗湿奴神庙1，Vishnu Temple 1

耆那教大雄（摩诃毗罗）庙Jain Mahāvīra Temple

萨奇娅（母神）庙Sachiyā Mātā Temple

太阳神庙（7号庙）Sūrya Temple No.7

B

巴比伦Babylon

巴达米（古代瓦塔皮）Bādāmi（Vātāpi）

1号窟Cave 1

2号窟Cave 2

3号窟Cave 3

4号窟Cave 4

北堡North Fort

布塔纳塔寺庙组群Bhutanatha Group of Temples

　1号庙（布塔纳塔庙）Temple No.1（Bhutanatha Temple）

　2号庙（马利卡久纳祠庙组群）Temple No.2（Mallikarjuna Group of Temples）

白沙瓦谷地Peshawar Valley

拜恩杜鲁Baindūru

　　塞内斯沃拉神庙Seneśvara Temple

拜杰纳特Baijnath

拜拉特Bhairat（Bairat）

　　圆堂Circular Chapel

拜勒沃孔达山Bhairavakoṇḍa Hills

拜滕Paithan（Pratishthana）

班加罗尔Bangalore

班斯贝里亚Bansberia

　　福天庙Vasudeva Temple

呆尼Pauni

　　窣堵坡Stupa

北方邦Uttar Pradesh

贝茨沃达Bezwada

贝德萨Bedsā

　　7号窟（支提窟）Cave 7

　　11号窟（精舍，寺院）Cave 11

贝德瓦河Betwa River

贝尔加韦（贝利加维）Belgave（Belligavi）

　　凯达雷什沃拉庙Kedareshvara Temple

贝拉加特Bherāghāṭ

　　六十四瑜伽女祠堂Chauñṣaṭ Yoginī Shrine

贝拉瓦迪Belavadi

　　韦拉纳拉亚纳神庙Vira-Narayana（Veeranarayana）Temple

贝卢尔Belūr

　　契纳-凯沙瓦神庙Chenna Keśava Temple（Chennakeshava Temple）

贝努贡达Penukonda

　　加根宫Gagan Mahal

贝拿勒斯Benares

　　曼-辛格小宫Man Singh

贝纳Behna

　　摩诃提婆祠庙Mahadeva Temple

贝斯河River Bes

贝斯纳加尔Besnagar

　　赫利奥多罗斯柱Colomn of Heliodorus

本迪Bundi

本库拉（县）Baṅkura

比德Bid

　　三联祠堂神庙Trikūṭa Shrines（Triple-Shrined Temple）

比尔沃拉县Bhilwara District

比哈尔邦Bihār Pradesh

比贾布尔Bijapur

比卡内Bikaner

比克沃卢Biccavolu

比莱什瓦尔Bileshwar

　　摩诃提婆祠庙Mahadeva Temple

比默Bhīma

比默沃拉姆Bhīmavaram

　　遮娄其神庙Cāḷukya Temple

比纳河Bina River

比乔利亚Bijolia

　　马哈卡尔神庙Mahakal Temple

比什奴普尔（西孟加拉邦）Vishnupur

　　杰尔邦格拉庙Jor Bangla Temple

　　马东莫汉庙Temple of Madan Mohan

　　什亚姆罗伊庙Shyamrai Temple

比塔尔加翁（皮德尔冈）Bhitargaon

　　神庙Temple（Bhitargaon Temple）

比亚斯河Beas River

俾路支（地区）Baluchistan region

宾杜瑟罗瓦尔圣湖Bindusarowar，Lake

波隆纳鲁沃Polonnaruva（Polonnaruwa）

　　1号湿婆祠Siva Devale No.1

　　2号湿婆祠Śiva Devale No.2

　　波特古尔寺院Potgul Vihāra

　　城堡Cidadel

　　大理石寺Pabalu Vehera

　　　　窣堵坡Dagoba

　　蒂万卡佛堂Tivaṅka Pilimāge

　　格尔寺院Gal Vihāra

　　基里寺院Kiri Vihera

　　　　窣堵坡（大塔，"乳白窣堵坡"）Dagoba（'Milk white' Dagoba）

　　兰卡·蒂拉卡佛堂Laṅka Tilaka（Lankatilaka Vihara）

　　伦科特寺庙Rankoth Vehera

　　　　窣堵坡Dagoba

　　梅迪里吉里亚圣堂Medirigiriya Vatadage

　　尼桑卡·马拉宫Palace of King Nissanka Malla

　　尼桑卡·马拉议事堂Council Chamber of Nissanka Malla

　　王室花园Royal Garden

布姆达纳Bhumdana

布奇卡拉Buchkala

C

查谟-克什米尔邦Jammu and Kashmir

昌巴Chamba

切尔加翁祠庙Chergaon Temple

昌巴尔河Chambal

昌巴兰Champaran

阿雷拉杰柱Pillar at Areraj

拉姆普瓦柱Pillars at Rampurva

昌胡-达罗Chanhu-Daro

楚纳尔Chunar

D

达尔湖Dal Lake

达拉苏拉姆Darasuram

艾拉沃泰斯沃拉庙Airāvateśvara Temple

达姆纳尔Dhamnar

大印度（地区）Magna India

丹布拉Dambulla

大窟群 Group of Large Caves

丹布-萨达特Damb Sadaat

德奥·帕坦Deo Patan

帕舒帕蒂纳特祠堂Shrine of Paśupatinātha

德奥加尔Deogarh

3号庙Temple 3

库赖亚-比尔庙Kuraiya Bir Temple

毗湿奴十大化身庙（池边神庙）Daśavatāra Temple（Temple of Dashavatara，Sagar Marh）

德奥加尔山Deogarh Hill

德奥科塔尔Deorkothar

窣堵坡Stupas

德博伊Dabhoi

金刚门Gate of Diamonds

德蒂亚Datia

德尔斐Delphi

德尔沃尔（地区）Dharwar

德干地区Deccan Region

德干高原Deccan Plateau

德拉伊斯梅尔汗（县）Dera Ismāil Khān District

北卡菲尔-科茨庙Northern Káfir Koṭ Temples

南卡菲尔-科茨庙Southern Káfir Koṭ Temples

德赖平原Tarai

德勒克瑟拉默Drakṣarāma

比梅斯沃拉祠庙Bhīmeśvara Shrine

德勒瓦努尔Daḷavāṇur

石窟Cave

德里Delhi

德里-密拉特石柱Delhi-Meerut Pillar

科特拉堡Feroz Shah Kotla

德里-托普拉石柱Delhi-Topra Pillar

铁柱Iron Pillar

德伦加（山）Taranga（Hill）

斯韦塔姆巴拉组群Svetambara Compound

阿耆达那陀耆那教神庙Ajitnath Jain Temple

德姆伯尔Ḍambaḷ

多德-伯瑟帕神庙Doḍḍa Basappā Temple

德瓦勒瑟穆德勒（今赫莱比德村，原意"老城"）Dvārasamudra（Haḷebiḍ）

霍伊瑟莱斯沃拉神庙Hoysaḷeśvara Temple

帕什纳特神庙Parshvanatha Temple

德文德勒Devundara

德沃尼莫里Devnimori

窣堵坡Stupa

迪尔瓦拉（阿布山）Dilwārā（Mount Abu）

卡拉塔拉神庙Kharatara Vasahi（Parshvanatha Temple）

卢纳神庙Luna Vasahi（Neminatha Temple）

象厅Elephant-Hall

皮塔尔哈拉神庙Pittalhara Vasahi（Adinatha Temple）

维马拉神庙Vimala Vasahi（Adinatha Temple）

迪赫尔Dihar

双祠庙Twin Temples

蒂格沃Tigawa（Tigowa，Tigwan）

肯卡利德维神庙（毗湿奴神庙）Kankali Devi Temple（Vishnu Temple）

蒂利沃利Tilivaḷḷi

森泰斯沃拉神庙Santeśvara Temple

蒂鲁克特莱Tirukkaṭṭaḷai

蒂鲁库勒塞克勒普勒姆Tirukkulaśekharapuram

克里希纳（黑天）庙Kṛṣṇa Temple

蒂鲁内尔韦利Tirunelveli

内利亚帕尔神庙Nelliappar Temple

蒂鲁帕图尔Tiruppattur

　　凯拉萨神庙Kailāsanātha

蒂鲁珀蒂Tirupati

　　斯里尼沃瑟佩鲁马尔神庙Śrīnivasaperumāḷ Temple

蒂鲁普尔Tiruppur

蒂鲁塔尼Tiruttāni

蒂鲁瓦鲁尔Tiruvārūr

蒂鲁文纳默莱Tiruvannāmalai

　　阿鲁纳切拉神庙Arunācaleśvara Temple（Arunachala Temple）

　　维鲁帕科萨石窟Virupaksha Cave

蒂瑟默哈拉默Tissamahārāma

　　耶塔勒寺院Yatāla Vihāra

东帝汶Timor-Leste（Timor Lorosa'e）

东戈达瓦里县East Godavari District

东京Tonkin

栋格珀德拉河Tungabhadra River

杜利亚县Dhulia District

多达加达瓦利Dodda Gaddavalli（Doḍḍagadavali）

　　拉克什米祠庙Lakshmidevi Temple

E

厄纳希尔瓦德-帕坦Anahilwāḍa Pāṭan（Anhilvara-Pa-tan，位于印度古吉拉特邦）

　　人工湖（水库）Han Sarovar

　　王后井Rāṇī Vāv

厄珀兰特（地区）Aparānta

F

伐腊毗Valabhī

吠舍离（毗舍离）Vaiśālī（Vesāli）

丰杜基斯坦Fondukistan

　　佛寺Buddhist Temple

佛林达文Vrindavan

　　戈温达提婆神庙Govindadeva Temple

　　马达纳-摩哈纳神庙Madana Mohana Temple

G

噶伦堡Kalimpong

盖穆尔山Kaimur hills

盖瑟里亚Kesariya

窣堵坡Stupa

甘加河（吠陀里称沙罗室伐底河）River Ghagga（Saraswati River）

高贤河（栋格珀德拉河）River Tuṅgabhadrā

戈达瓦里河Godavari

戈利Goli

戈普Gop

　　神庙Temple

戈托特卡恰Ghototkacha

　　石窟Caves

格尔纳利河Karnali River

格内勒奥Ghanerao

　　摩诃毗罗（大雄）神庙Mahāvīra Temple

格内里沃拉Ganeriwala

格雅（加雅）Gaya

根盖孔达-乔拉普拉姆Gangaikonda Cholapuram（Gaṅgaikoṇḍacoḷapuram）

　　罗荼罗乍斯沃拉神庙Rājarājeśvara（Bṛhadiśvara）Temple

　　　　北祠堂Vada-kailāsa

　　　　东门塔East Gopura

　　　　杜尔伽祠堂Durgā

　　　　迦内沙祠堂Gaṇapati

　　　　南祠堂Ten-kailāsa

　　　　琴德萨祠堂Caṇḍeśa

　　水池Coḷagaṅgā

根格瓦迪（地区）Gaṅgavāḍi

根杰村Ganj Village

根特萨拉（肯塔科西拉？）Ghaṇṭaśāla（Kantakossyla？）

　　窣堵坡stupa

贡努尔Konnur

　　帕拉梅什沃拉神庙Parameshwara Temple

贡特珀利Guntapalli

贡图尔县Guntur District

贡图帕拉Guntupala

古巴加Gulbarga

　　希里瓦尔Shirival

　　　　祠庙Temples

古迪默勒姆Guḍimallam

古尔达拉Guldara

　　窣堵坡Stupa

古吉拉特邦Gujarāt

古马迪迪鲁Gummadidirru

瓜廖尔Gwalior

　城堡（瓜廖尔城堡）Fort（Gwalior Fort）

　　拉贾·基尔蒂·辛格宫Palace of Raja Kirtti Singh（Karan Mahal）

　　曼·辛格·托马尔宫Palace of Man Singh Tomar（Man Mandir）

　　萨斯-伯胡神庙Sās-Bahu Temples

　　泰利卡神庙Telikā Mandir（Telika Temple）

果阿Goa

果德迪吉（科特迪季）Kot Diji

果拉尔县Kolar District

　阿瓦尼村Avani

　　拉梅斯沃拉神庙Rāmeśvara Temple（Ramalingeshwara Group）

　　　拉克斯马内斯沃拉祠堂Lakṣmaṇeśvara（Lakshmaneshwara）Shrine

　　　萨特鲁格斯沃拉祠堂Śatṛughnśśvara（Shatrugneshwara）Shrine

H

哈达（纳格拉哈勒）Haḍḍa（Nagarāhāra）

　巴格盖寺Bāgh Gai

　德贡迪寺Deh Ghundi

　根瑙寺Gan Nao

　卡菲里哈丘寺院Tepe Kāfirihā（Tapa-i Kafariha Monastery）

　克兰丘寺院Tepe Kalān

　舒图尔丘寺院Tepe Shutur

　窣堵坡C1，Stupa C1（Stupa de Chakhil-i-Ghoundi）

哈尔万Harwan（Harvan）

　寺院Monastery

　窣堵坡Stupa

哈拉帕Harappa

哈桑县Hāssan District

哈斯提纳普拉（象城）Hastinapura

哈韦里Hāveri

　西德斯沃拉神庙Siddhesvara Temple

海巴克（古称撒曼干）Haibak（Samangan，Simingan）

　寺院Monastery

　窣堵坡（"鲁斯坦姆的宝座"）Stupa of Takht-e Rostam

汉德萨Handessa

　朗卡蒂拉卡佛堂Lankatilaka Viharaya

杭格尔Hāngal

特勒凯斯沃拉神庙组群Tarakeśvara（Tarakeshwara）Temple Complex

　迦内沙神庙Ganesha（Gaṇapati）Temple

恒河River Gaṅgā（Ganges）

胡利Huli（Hooli）

　安达凯什沃拉神庙Andhakeshwara Temple

　潘恰林盖斯沃拉神庙Panchalingeshvara

华氏城（波吒厘子，今巴特那）Pataliputra（Patna）

　阿育王宫殿Asoka's Palace

　布伦迪-伯格Bulandi Bagh

　迪达尔甘吉Didarganj

　库姆赫拉尔Kumhrar

　库姆拉哈尔区Kumrahar

　　大柱厅（80柱厅）Great Pillared Hall（Assembly Hall of 80-Pillars、Hypostyle 80-Pillared Hall）

霍勒姆谷地Khulm Valley

J

基尔蒂普尔Kirtipur

　巴拜拉弗庙（怒虎庙）Bagh Bhairab Temple

　迪彭卡尔庙Dipankar Temple

　奇伦乔窣堵坡Chilancho Stupa

　塔拉希马特庙Talasimath Temple

　乌玛马赫庙Uma Maheshwar（Bhavani Shankar）Temple

基拉杜Kirāḍu

　毗湿奴祠堂Viṣṇu Shrine（Temple of Vishnu）

　湿婆祠庙Śiva Temples

　　湿婆祠庙1，Temple of Siva 1

　　湿婆祠庙2，Temple of Siva 2

　　湿婆祠庙3，Temple of Siva 3

　索姆庙Temple of Somesvara

基莱尤尔Kilaiyūr

　阿加斯蒂什庙Agastishvara Temple

基钦格Khiching

基亚瑟姆伯利Kyāsambaḷḷi

　斯瓦扬布韦斯沃拉神庙Svayambhuveśvara Temple

基寨Giza

　考夫拉金字塔Pyramid of Chephren（Khafre）

　库孚金字塔Pyramid of Cheops（Khufu）

吉登伯勒姆Chidambaram

　纳塔罗阇（舞神湿婆）寺Naṭarāja Temple（Temple of Siva

阿育王柱（鲁明台石柱）Asoka Column（Rummindei Pillar）

蓝毗尼园Lumbini Park

　圣池Puskarini

尼加利石柱Nigali Sagar Pillar

迦色尼Ghazni

贾巴尔普尔Jabalpur

贾尔拉帕坦Jhālrāpāṭan

太阳神庙Surya Temple

西塔莱斯沃拉神庙Siताleśvara Temple

贾盖什沃拉Jageshvara

神庙建筑群Temple Complex

贾凯拉Jakhera

贾伊萨梅尔（杰伊瑟尔梅尔）Jaisalmer

珀图亚宅邸建筑群Patua Haveli Complex

健陀罗（又译健驮逻）Gandhāra

建志（甘吉普拉姆，建志补罗）Kāñcī（Kanchipuram, Kancipura）

埃克姆伯雷神庙Ekambareswarar Temple（Ekambaranathar Temple）

埃克姆伯雷祠堂Ekambareswarar Shrine

尼勒廷格尔·通德姆·珀鲁默尔祠堂Nilathingal Thundam Perumal Shrine

千柱厅Thousand-pillared Hall

凯拉萨（拉杰辛哈）大庙Kailāsanātha（Kailasanathar Temple, Rājasiṁheśvara）

马亨德拉跋摩祠堂Mahendravarmeshvara Shrine

马坦盖斯沃拉神庙Mātaṅgeśvara Temple

穆克泰斯沃拉神庙Mukteśvara Temple

乔基斯沃拉神庙Cokkiśvara Temple

沃伊昆特佩鲁马尔神庙Vaikuṇṭhaperumāḷ Temple

伊拉瓦塔祠庙Iravataneshvara Temple

焦特布尔Jodhpur

杰赫勒姆河（希达斯皮斯河）Jhelum（Vitasta, Hydaspes）

杰加特Jagat

阿姆巴马塔祠庙Ambamatha Temple（Temple of Ambāmātā）

羯陵伽Kaliṅga

金杰瓦达Jhinjhavāḍā

京吉Gingee

城堡Fort

国王山（国王堡）Rajagiri（King Fort）

卡尔亚纳宫Kalyana Mahal

克里希纳山（王后堡）Krishnagiri（Queen Fort）

钱德拉扬堡Chandrayandurg

文卡塔拉马纳寺庙组群Venkataramana Temple Complex

拘尸那揭罗（拘尸那罗）Kushinagara（Kusinagara）

均讷尔Junnar

6号窟Cave 6

7号窟Cave 7

14号窟Cave 14

布德莱纳支提窟Budh Lena Caitya

伦亚德里窟群Lenyadri Complex

门莫迪窟群Manmodi Caves

阿姆巴-阿姆比卡组群Amba-Ambika Caves

比马桑卡组群Bhimasankar Group

布塔林伽精舍Bhutalinga Buddhist Cells

图尔加支提窟Tulja Lena Caitya

K

喀布尔Kabul

喀拉拉邦Kerala

卡尔卡拉Karkala

恰图尔穆卡寺Chaturmukha Basti

卡尔拉（卡尔利，卡尔莱，古名沃卢勒卡）Karla（Karli, Karle, Valuraka）

石窟组群Caves Complex

8号窟（支提堂）Cave 8（Chaityagriha）

卡里卡尔Karikal

卡利班甘Kalibangan

卡利亚尼Kalyani

卡卢古马莱Kaḷugumalai

维图凡戈伊尔祠庙（"雕刻师乐园"，独石祠堂）Vettuvan Koil Temple（Monolithic Shrine）

卡伦杰尔Kālanjar

城堡Fort

拉尼宫Rani Mahal

尼尔肯特神庙Nilkanth Temple

卡罗德Kharod

卡纳拉Kanara（Canara）

卡纳塔克邦Karnataka

桑那蒂（村）窣堵坡Sannati Stupa（Kanaganahalli Stupa）

石窟寺Cave Temples

卡塔拉迦玛Kataragama

　　祠庙Temple

卡提阿瓦半岛Kathiawar

卡维里河Kaverī

卡耶姆库拉姆Kayamkulam

　　克里希纳普勒姆宫Krishnapuram Palace

开伯尔-普赫图赫瓦（省）Khyber Pakhtunkhwa

凯拉萨山Kailasa Mountain山

凯穆尔县Kaimur District

　　蒙德什沃里神庙Mundeshvari Temple

坎贝湾Gulf of Cambay

坎达吉里Khandagiri

坎大哈Kandahar

坎德拉巴加河Candrabhaga River

坎德拉吉里山Candragiri Hills

坎德雷希Candrehi

　　湿婆神庙Siva Temple

坎格拉（谷地）Kangra

坎普尔（县）Kānpur（Cawnpore）

康提Kandy

　　佛牙寺Temple of the Tooth（Sri Daḷadā Māḷigāwa）

　　宫殿Palace

　　　觐见厅Audience Hall

　　康提王室陵寝Ādāhana Maḷuva

　　兰卡提叻格寺Lankatilaka（Lanka Thilake）

　　纳塔祠Natha Devale

考塔县Kotah District

科杜姆巴卢尔Kodumbāḷūr

　　穆沃尔科维尔祠庙（三祠堂）Mūvarkovil

科弗里河Kāverī River

科克恰河Kokcha River

科勒文格勒姆Koravangalam

　　布泰斯沃拉神庙Bhūteśvara Temple

科摩林角（现称根尼亚古马里）Cape Comorin（Kanya-kumari，Kanya Kumari）

科纳拉克Konarak

　　太阳神庙Temple of Surya（Sun Temple）

　　　拂晓神厄鲁纳石柱Aruṇa Stambha

　　　会堂Jagamohana（Pidha Deul，Audience Hall）

　　　祭拜堂Bhoga-Mandap（Bhog Mandir，Offering Hall）

　　　摩耶提毗祠庙Mayadevi Temple

毗湿奴祠庙Vaishnava Temple

　　舞厅Nat-Mandap（Nata Mandir Nata mandira，Dancing Hall）

　　主祠Main Sanctum（Garbha-Griha，Rekha Deul）

科钦Cochin

　　默滕切里宫Mattancheri Palace

科塔Kota

科特珀尔Kottapalle

科特塔耶姆县Kottayam District

克尔纳塔克Karṇāṭaka

克久拉霍Khajurāho

　　阿底那陀（耆那教第一祖师）庙Ādinātha Temple

　　巴湿伐那陀神庙Pārśvanātha Temple

　　杜拉德奥神庙Duladeo Temple

　　筏罗诃祠庙Varāha Shrine

　　　南迪亭Nandi Pavilion

　　筏摩那神庙Vāmana Temple

　　杰格德姆比神庙Jagadambī Temple（Devi Jagadamba Temple）

　　肯达里亚大自在天庙Kaṇḍarīya Mahādeo（Kandariya Mahadeva）Temple

　　拉尔古安大自在天庙Lālguan Mahādeva Temple

　　拉克什米神庙Lakshmi Temple

　　六十四瑜伽女祠庙Chauñṣaṭ Yoginī Temple

　　罗什曼那（拉克什曼那）祠庙Lakṣmaṇa（Lakshmana）Temple

　　马坦盖斯沃拉神庙Mātaṅgeśvara Temple

　　马图伦加神庙Mātuluṅga Temple

　　齐德拉笈多神庙Citragupta Temple

　　切图尔布杰（遮多菩乎阁）神庙Caturbhuja（Chaturbhuja）Temple

　　狮子庙（大自在天庙）Lion Temple（Mahādeva Temple）

　　维什瓦拉塔神庙Viśvanātha（Vishvanatha）Temple

　　　筏罗诃祠堂Varāha Shrine

　　　南迪祠堂Nandi Maṇḍapa（Nandi Pavilion）

克里克德-克瑟特勒姆Karikkad-Kṣetram

　　苏布勒默尼亚神庙Subrahmaṇya Temple

克里希纳河（旧称基斯特纳河）Krishna River（Kistna River）

克利夫兰Cleveland

克默勒瑟沃利Kamarasavalli

　　克尔科泰斯沃拉神庙Karkoteśvara Temple

克什米尔Kashmir（梵文Kasmira）

克什米尔谷地Kashmir Valley

瓦塔克Cuttack

瓦维尤尔Kaviyur

　　湿婆祠庙Śiva Temple（Shrine）

肯赫里（"黑山"）Kanheri（Krishnagiri）

　　1号窟Cave 1

　　2号窟Cave 2

　　3号窟（支提堂）Cave 3

　　4号窟Cave 4

　　1号窟（"觐见堂"）Cave 11（Maharaja，Darbar Cave）

　　34号窟Cave 34

　　41号窟Cave 41

　　90号窟Cave 90

肯卡利丘Kaṅkālī Ṭīlā

孔达纳Kondana

　　1号窟（支提窟）Cave 1（Chaitya）

　　2号窟（精舍）Cave 2（Vihara）

孔迪维特Kondivite

　　9号窟Cave 9

孔古德萨Koṅgudeśa

孔坎Konkan

库车Kucha

库厄洛Kualo

　　神庙Temple

库卡努尔Kukkanur（Kuknur）

　　卡莱斯沃拉神庙Kalleśvara Temple

　　纳瓦林伽神庙Navalinga Temple

库鲁杜默莱Kurudumale

　　迦内沙（象头神）祠堂Gaṇeśa Shrine

　　索梅斯沃拉神庙Someśvara Temple

库鲁纳格勒县Kurunagala District

　　阿伦卡尔石窟Arankale Cave

　　尼勒克格默菩提祠Nillakgama Bodhighara

库鲁沃蒂Kuruvaṭṭi

　　马利卡久纳神庙Mallikārjuna Temple

库米拉Comilla

库姆巴科纳姆Kumbakonam

　　纳盖斯沃拉神庙Nāgeśvara Temple

　　萨伦加帕尼神庙组群Sarangapani Complex

库姆巴里亚Kumbhāriā

　　摩诃毗罗（大雄）神庙Mahāvīra Temple

　　商底那陀耆那教神庙Shantinatha Jain Temple

库珀图尔Kuppatur

　　科蒂纳特神庙Koṭinātha Temple

库苏马Kusumā

　　湿婆祠庙Śiva Temple（Rāmacandraji）

奎达谷地Quetta valley

廓尔喀Gorkha

　　玛纳卡玛纳庙Manakamana Mandir

L

拉道勒Ladhaura

　　摩诃提婆庙Mahādeva Temple

拉迪加姆Laddigam

　　尼拉肯泰什沃拉庙Nilakanteshvara Temple

拉赫曼德里Rahman Dheri

拉吉姆Rājjim

　　拉吉沃-洛卡纳神庙Rājiva-Locana Temple

　　拉马坎德拉神庙Rāmacandra Temple

拉贾勒特（地区）Rajarata

拉贾斯坦邦Rājasthān

拉杰默哈尔山Rājmahāl Hills

拉克什梅什沃拉Lakshmeshvara

　　耆那教祖师阿难塔那陀神庙Jain Anantanatha Temple

　　索梅什沃拉神庙Someshvara Temple

拉昆迪Lakkuṇḍi

　　卡西维斯韦斯沃拉神庙Kāśiviśveśvara Temple

　　嫩斯沃拉神庙Nannśsvara Temple

拉拉布赫加特Lalabhaghat

拉利塔吉里Lalitagiri

拉梅斯沃勒姆Rāmeśvaram

　　拉马纳塔寺庙组群Ramanatha Temple Complex

　　千柱廊Corridor of 1000 pillars

拉姆格尔Rāmgarh

　　本德-德奥拉神庙Band Deorā

　　帕尔瓦蒂神庙Parvati（Devi）Temple

拉纳克普尔Rāṇakpur

　　内米纳塔神庙Neminatha Temple

　　太阳神庙Sūrya Temple

　　祖师庙Ādinātha Temple

拉尼Rāṇī

拉尼加特Ranigat

拉其普特（地区）Rajputana

拉瓦尔品第Rawalpindi

拉维河Ravi

拉詹加纳Rajangana

　　圆圣堂Vaṭadāgē

赖普尔县Raipur District

兰巴Lamba

老德里Old Delhi

劳里亚·嫩登加尔Lauriya Nandangarh

　　阿育王纪念柱（狮子柱）Commemorative Column of Asoka
（Lion Column）

勒德纳吉里Ratnagiri

　　1号寺院（毗诃罗）Monastery I

勒基加希Rakhigarhi

勒克瑙Lucknow

雷森Raisin

　　城堡Fort

雷瓦县Rewa District

利达尔谷地Liddar Valley

灵鹫山Griddhkuta

卢胡纳（地区）Ruhuna

鹿野苑（萨尔纳特）Sārnāth

　　昙麦克塔Dhāmek Stūpa（Dhāmekh Stūpa）

伦滕波尔Ranthambhor

　　城堡（母虎堡）Fort

　　　　老王侯区Old Princes Quarters

　　　　　　巴达尔宫Badal Mahal

　　　　外门（组群）Outer Gates

　　　　主城门Main Gate

罗达Roḍā

　　1号庙（湿婆庙）Temple No.I（Shiva Temple）

　　2号庙（鸟庙）Temple No.II（Pakshi Temple，Bird Temple）

　　3号庙（湿婆庙）Temple No.III（Shiva Temple）

　　4号庙Temple No.IV

　　5号庙（毗湿奴庙）Temple No.V（Vishnu Temple）

　　6号庙（九曜庙）Temple No.VI（Navagraha Temple）

　　7号庙（迦内沙/湿婆庙）Temple No.VII（Ganesh/Shiva
Temple）

罗恩Ron

　　马利卡久纳祠庙Mallikarjuna Temple

罗哈纳（地区）Rohana（Ruhuna）

罗塔斯县Rohtas District

洛杜沃Loduv

洛卡普拉Lokapura

　　耆那教神庙Jain Temples

洛里延-滕盖Loriyan Tangai

洛塔耳Lothal

　　城堡Citadel

　　城墙Fortifications

　　船坞Dock

　　下城Lower Town

M

马德拉斯（今金奈）Madras（Chennai）

马杜赖Madurai

　　阿拉加科伊尔庙Alagar Koyil Temple

　　大庙（湿婆及米纳克希神庙）Great Temple（Temple of Siva
and Minaksi，Minakshi Sundareshvara Temple）

　　　　八女神门廊Porch of the Eight Goddesses

　　　　金百合池（圣池）Golden Lily Tank（Sacred Pond）

　　　　卡尔扬柱厅Kalyan Mandapa

　　　　肯比塔里柱厅Kambittari Mandapa

　　　　米纳克希祠堂Minakshi Shrine

　　　　普杜柱厅Puḍu Maṇḍapa

　　　　千柱厅Thousand Pillared Mundapam（Airakkal Mandapa）

　　　　湿婆祠堂Sundareshvara Shrine

　　　　维拉沃桑塔拉亚柱厅Viravasantaraya Mandapa

　　　　蒂鲁马莱宫Tirumalai Nayak Palace

　　库达拉拉加尔庙Kudal Alagar Perumal Temple

马尔坦Martand

　　太阳大庙Surya Temple（Great Temple of the Sun）

马尔瓦（地区）Mālwā

马尔瓦尔（地区）Mārwār

马哈库塔Mahākūṭa

　　伯嫩蒂古迪神庙Banantigudi Temple

　　马哈库泰斯沃拉庙Mahākuṭeśvara Temple

　　马利卡久纳庙Mallikārjuna Temple

　　毗湿奴神庙Vishnu temple

　　桑加梅什沃拉神庙Sangamesvara Temple

　　圣池（"毗湿奴之莲花池"）Vishnu Pushkarni

　　湿婆庙Shiva Temple

马哈拉施特拉邦（旧译摩诃罗嵯，古代毗陀里拔）
Mahārāṣṭra（Vidarbha）

马哈纳迪河Mahānādi River

    杜尔伽神庙Durgā Temple

    辛加纳特神庙Siṅganātha Temple

马华Mahua

    2号湿婆庙Shiva Temple 2

马拉巴尔海岸Malabar Coast

马拉普兰县Malappuram District

马拉塔Maratha

    城堡Fort

马洛特Malot

    神庙Temple

马马拉普拉姆（现名马哈巴利普拉姆）Māmallapuram（Mahābalipuram）

    阿迪筏罗诃石窟Ādivarāha Cave

    "岸边"神庙'Shore' Temple

    筏罗诃石窟寺（柱厅）Varāha Cave Temple（Varāha Maṇḍapa）

    《恒河降凡》（组雕，阿周那的苦修）Descent of the Ganges（Arjuna's Penance）

    迦内沙祠Ganesha Ratha

    克里希纳（黑天）柱厅Krishna ṇm

    三联神庙Trimūrti

    天后堂（摩什哂摩达诃尼窟）Mahiṣamardinī-Maṇḍapa（Mahishasuramardini Cave）

    瓦拉哈石窟寺Varaha Cave Temple

    "五车"组群Pancha Rathas（'Five Rathas'）

        阿周那祠Arjuna's Ratha

        怖军祠Bhima Ratha

        "杜尔伽"祠'Draupadī'（Durgā）Ratha

        法王祠Dharmarāja Ratha

        无种与偕天祠Nakula-Sahadeva Ratha

马绍姆Masaum

马斯鲁尔Masrur

    岩凿庙Rock-cut Temple

马图拉（马土腊，孔雀城）Mathurā

马沃斯Mawas

马相迪河Marsyangdi

马亚（达基纳，地区）Maya（Dakkina）

玛拉普拉巴河Malaprabha（Malprabhā）River

迈纳默蒂Maināmatī

    瑟尔本（萨拉沃纳）寺院Salban（Śālavana）Vihāra

迈索尔（地区）Mysore

迈索尔城Mysore City

    恰蒙达（战争女神，杜尔伽）神庙Chamundeshwari Temple

曼达佩斯瓦尔Mandapesvar

曼德勒山Mandalay Hill

曼多尔Mandor

    葬仪祠庙Chatris

曼杰里Mañjeri

梅赫尔格尔Mehrgarh

梅勒克德姆布尔Melakkaḍaṁbūr

    厄姆特格泰斯沃拉祠庙Amṛtaghaṭeśvara Shrine

梅纳尔Menal

    马哈纳莱什沃拉祠庙Mahanaleshvara Temple

梅尼克德纳Menikdena

梅瓦尔（地区）Mewār

美索不达米亚（地区）Mesopotamia

门格洛尔Mangalore

蒙德斯沃里山Mundeśvarī Hill

蒙迪加克Mundigak

孟加拉Bengal

孟加拉湾Bay of Bengal

孟买Mumbai（Bombay）

米普尔-卡斯Mirpur Khas

    东山（窣堵坡山）Eastern Hill（Stupa Hill）

米欣特勒Mihintale（Mihinduseya）

    黑水潭石窟（寺）Kaludiya Pokuna Cave（Kaludiya Monastery）

    坎塔卡支提Kantaka Cetiya

    拉杰默哈精舍Rājamahāvihāra

    玛哈窣堵坡Maha Stupa

    僧侣会堂meeting hall

    寺院餐厅Refectory

    遗骨堂Relic House（Medamaluwa Monastery）

    圆圣堂Vaṭadāgē

密拉特Meerut

摩亨佐-达罗Mohenjo-Daro（Mohenjodharo）

    城堡（卫城）Citadel

    "大谷仓"'Great Granary'

    大浴池（公共浴池）Great Bath（Public Bath）

    佛塔Buddhist Stupa

    集会厅（柱厅）Pillared Hall

    摩亨佐-达罗宫Palace of Mohenjo-Daro

    下城Lower City

10号窟Cave No.10（Nahapana Vihara）

11~14号窟Cave No.11~14

15号窟Cave No.15

17号窟Cave No.17

18号窟Cave No.18（Chaitya No.18，Pandulenya）

19号窟Cave No.19

20号窟Cave No.20

21号窟Cave No.21

23号窟Cave No.23

24号窟Cave No.24

南阿尔乔特（县）South Arcot

南奔（哈利班超，骇黎朋猜）Lamphun（Haribhunjaya，Hariphunchai）

库库特寺（"无顶寺"，差玛·特葳寺）Wat Kukut（Wat Chama Thewi）

南迪（山）Nandi

双祠堂Twin Shrines

阿鲁纳卡莱斯沃拉祠（北祠）Aruṇācaleśvara

博加南迪斯沃拉祠（南祠）Bhoganandīśvara

讷瓦布沙阿Nawabshah

米尔鲁坎窣堵坡Mir Rukan Stupa

内杜姆普拉Nedumpura

湿婆神庙Śiva Temple

内洛尔县Nellore District

内马姆Nemam

尼拉曼卡拉庙Nīramaṅkara Temple

内默沃尔Nemawar

西德斯沃拉神庙Siddheśvara Temple

尼尔吉里丘（"青山"）Nilgiri Hills

尼拉尔吉Niralgi

西达拉梅斯沃拉神庙Siddharameshvara

尼扎马巴德Nizamabad

罗摩庙Dichpally Ramalayam

努吉纳利Nugginalli

拉克斯米纳勒西姆赫神庙Lakṣmīnarasiṁha Temple

P

帕德默纳伯普勒姆Padmanābhapuram

宫殿Palace

帕克姆Parkham

帕勒姆佩特Palampet

拉玛帕神庙Ramappa Temple

帕利（县）Pāli

帕鲁德（巴尔胡特，村）Bhārhut

窣堵坡Stupa

帕瑙蒂Panauti

因陀罗大自在天神庙Indreśvara Mahādeva Temple

帕塔达卡尔Paṭṭadakal

加尔加纳特神庙Galganatha Temple（Galaganatha Temple）

杰姆布林伽神庙Jambulinga Temple（Jambulingeswara Temple）

卡达西德什沃拉神庙Kadasiddheshwara Temple（Kada Siddhesh-wara）

卡希维什沃纳特神庙Kashivisvanatha Temple（Kashi Vishwanatha Temple）

马利卡久纳神庙Mallikārjuna Temple（Trailokeswara Maha Saila Prasada）

帕珀纳特神庙Pāpanātha Temple

耆那教纳拉亚纳神庙Jain Narayana Temple

维杰耶什沃拉（桑加梅什沃拉）神庙Vijayeshvara（Śrī Vijayeś-vara，Saṅgameśvara）Temple

维鲁帕科萨神庙Virupākṣa（Virupaksha，Lokesvara）Temple

帕坦（古名桑卡拉普拉帕塔纳，今尼泊尔拉利特普尔）Pāṭan（S'ankarapurapattana，Lalitpur）

"阿育王窣堵坡"'Asoka Stupas'

比姆森神庙Bhimsen Temple

大觉寺（千佛寺）Temple of the Mahabuddha

德古塔勒祠庙Degutale Temple

哈里·申卡神庙Hari Shankar Temple

迦内沙神庙Ganesh Mandir

金庙Hiraṇyavarṇa Mahāvihāra

克里希纳（黑天）神庙Krishna Mandir（Temple）

库姆拜斯沃拉神庙Kumbheśvara

拉特纳沃尔达内萨神庙Ratnavardhanesa Temple

那罗希摩神庙Narasimha Temple

皮普勒赫沃Piprahva

南寺Southern Monastery

窣堵坡Stupa

毗湿奴天（恰尔·纳拉扬）神庙Nārāyaṇa Temple[Char Narayan（Jagannarayan）Temple]

毗湿奴天（伊卡拉库·托尔的）神庙Nārāyaṇa Temple，Ikhalakhu Tol

珀德马帕尼神庙Padmapāṇi Temple of Ālkohiṭī

恰巴希尔Chabahil

切鲁玛蒂窣堵坡Carumati Stupa

恰辛·德沃尔神庙Chyasim Deval Temple（Krishna Temple）

桑卡拉高里神庙Sankaragaurisvara Temple

苏根德萨神庙Sugandhesa Temple

王宫Durbar

凯瑟尔·纳拉扬宫院Keshar Narayan Chok

金门Golden Gate

凯瑟沃·纳拉扬祠庙Keshav Narayan Temple

穆尔院Mul Chok

塔莱久·巴瓦妮祠庙Taleju Bhawani Temple（Shrine of Taleju）

维迪娅（知识女神）祠Bidya Mandir（Vidya Temple）

孙达理院Sundari Chok

图沙池Tusha Hiti（Tusāhiṭī）

王宫广场Durbar Square

维什沃纳特神庙Vishwanath Temple

潘德雷坦Pandrethan

湿婆神庙Shiva Temple（Temple of Siva Rilhanesvara）

潘杜瓦斯努瓦拉Panduwas Nuwara

宫殿Palace

佛牙庙Daḷadāgē

旁遮普（邦、省）Punjab

彭迪榭里Pondicherry

皮拉克Pirak

皮普勒赫沃Piprahva

窣堵坡Stupa

皮特尔科拉（派特里加塔）Pitalkhora（Petrigata）

1号窟Cave 1

2号窟Cave 2

3号窟（支提堂）Cave 3（Chaitya Hall）

4号窟Cave 4

6号窟Cave 6

9号窟Cave 9

10号窟（毗诃罗）Cave 10（vihara）

12号窟Cave 12

13号窟Cave 13

毗底沙Vidisha（Vidiśā）

毗奢耶那伽罗（维查耶纳伽尔，"胜利之城"，现亨比村）Vijayanagara（Hampi）

阿育塔拉亚神庙Acyutaraya（Tiruvengalanatha）Temple

祠堂Oratory

"地下"神庙'Underground'Temple

伽纳吉蒂耆那教祠庙Ganagitti Jain Temple

黑天庙Kṛṣṇa Temple（Balakrishna Temple）

克德莱克卢-迦内沙神庙Kadalaikallu Gaṇeśa Temple

"圣区"（宗教中心）'Sacred'Area（Sacred Centre）

"王区"（王室中心）'Royal'Area（Royal Centre）

八角浴池Octagonal Bath

百柱厅Hundred-Columned Hall

宫邸Residence

赫泽勒-罗摩神庙Hazara Rāma Temple（Ramachandra Temple）

安曼祠堂Amman Shrine

后宫区Zanana Enclosure

莲花阁Lotus Mahal

瞭望塔Watch Towers

王后宫Queen's Palace

阶台水池（公共浴池）Stepped Tank（Public Bath）

马哈纳沃米王台（庙台、御座台）Mahānavami（Mahanavami Platform，Temple of the Mahanavami Dibba, King's Platform, Throne Platform）

王后浴室Queen's Bath

卫室Guards House

象舍Elephant Stables

维鲁帕科萨神庙Virupākṣa Temple（Pampapati Svami Temple）

百柱厅One-Hundred-Columned Hall

东门塔East Gopura

卡纳克吉里门（北门塔）Kanakagiri Gopura

维塔拉神庙Vitthala Temple

祭拜堂Prayer Hall

迦鲁达祠堂（战车）Garuda Shrine（Garuda Stone Chariot）

卡尔亚纳柱厅Kalyana Mandapa

主祠柱厅Mahamandapa

毗湿奴布尔Bishnupur

什亚马-拉马神庙Shyama Rama Temple

毗陀哩拔（现贝拉尔）Vidarbha（Berar）

珀德拉沃蒂Bhadravati

拉克什米-那罗希摩神庙Lakshmi-Narasimha Temple

珀德默纳伯普勒姆Padmanabhapuram

王宫Royal Palace

珀尔纳德Palnad

珀里哈瑟普勒Parihasapura

宫廷寺院Rajavihara

坎库纳窣堵坡Cankuna Stupa（Temple of Govardanahara）

商羯罗神庙Śaṅkarācharya Temple

珀里哈瑟普勒高原Plateaus of Parihasapura

珀纳默莱Panamalai

特勒吉里斯沃拉神庙Talagirīśvara Temple

珀嫩古迪Panaṅguḍi

菩提伽耶（又称佛陀伽耶）Buddha-gayā（梵文），Bodh-gayā（印地语）

摩诃菩提寺（"大正觉寺"，金刚宝座塔，舍利堂）Mahābodhi Temple（Mahabodi Temple，Relic House）

菩提树祠庙Bodhi-tree Shrine（Bodhighara）

浦那（县）Pune District

贝德塞石窟Bedse Caves

7号窟（支提窟）Cave 7（Chaitya，Prayer hall）

11号窟（精舍）Cave 11（Monastery，Vihara）

普拉曼盖Puḷḷamaṅgai

布勒赫马普里斯沃拉神庙Brahmāpurīśvara Temple

普里Puri

扎格纳特寺Jagannātha Temple

普罗卢Prolu

普什卡拉沃蒂（贾尔瑟达）Pushkalavati（Charsadda）

Q

奇卡巴拉普尔县Chikkaballapur

奇卡-马哈库特Chikka Mahākuṭ

奇托尔Chitor（Cittauḍ，Chittor，Chittorgarh）

阿迪沃拉赫神庙Ādivarāha Temple（Mīrabai's Temple）

厄德布特纳特神庙Adbhūtanātha Temple

基尔蒂斯坦巴神庙Kīrttistambha Temple

卡利卡神庙Kālikā Mātā Temple

克塞曼卡里神庙Kṣemankarī Temple

库姆伯斯亚马神庙Kumbhaśyāma Temple

勒纳·库姆伯宫Palace of Rana Kumbha

马纳斯坦巴（塔楼）Mānastambha

纳加里村Nagari Village

奇托尔城堡（梅瓦尔广场城堡）Chittor Fort（Mewār' Place Forte）

瑟米德斯沃拉神庙Samiddheśvara Temple

瑟特维西神庙Śatavisī Temple

胜利塔楼Vijaya Stambha（Towers of Victory）

斯尔恩格勒乔里神庙Śṛṅgaracauri Temple

苏勒杰波拉Surajpola

契托尔县Chitoor District

恰布拉Chhapra

阿育王石柱（默凯柱）Ashoka Pillar（Pillar at Maker）

恰迪斯加尔（平原）Chhattisgarh

恰尔萨达Charsada

钱德拉吉里Chandragiri

拉贾宫Raja Mahal

钱古·纳拉扬Cāṅgū Nārāyaṇa

神庙Temple

乔巴尔Chobār

阿底那陀寺Adinath Lokeshwor Temple

根达寺Gandhaveśvar Temple

乔德达姆普尔Chaudadāmpur

穆克泰斯沃拉神庙Mukteśvara

乔德加Jhodga

曼克斯沃拉祠庙Maṅkeśvara

摩诃提婆（湿婆三面相）祠庙Mahadeva Temple

乔盖斯沃里Jogesvari

乔拉西Chaurasi

筏罗诃祠庙Varāhī Temple

乔勒门德勒姆Coḷamaṇḍalam（Coromandel）

乔珀尼-门多Chopani-Mando

乔塔-代奥里Chhota Deori

马里亚村Marhiā

马里亚祠庙Marhiā Temple

侨赏弥（又译拘尸弥、俱参毗等，今科萨姆）Kaúsāmbī（Kosam）

城墙Fortifications

切布罗卢Chebrolu

比梅斯沃拉神庙Bhīmeśvara Temple

切扎尔拉Chezarla

卡珀特祠庙Kapoteshvara Temple

琴德勒伯加河Chandrabhaga River

曲女城（今卡瑙吉）Kanyakubja（Kanauj）

S

萨德里Sādri

巴湿伐那陀神庙Pārśvanātha Temple

萨尔塞特岛Island of Salsette

萨格尔县Sagar District
萨凯加翁Sakegaon
  布米贾式祠庙Bhumija Temple
萨卢文库珀姆Śāluvankuppam
  虎窟Tiger Cave
萨马拉吉Śāmalājī
  哈里斯坎德拉尼-科里Hariścandranī Cori
萨梅尔Samel
  加拉泰什神庙Galateshvara Temple
萨特伦贾亚山Satrunjaya Hill
  帕利塔纳耆那教神庙群Palitana Temples of Jainism
    阿底那陀庙Adinath temple
    沃拉拜神庙Vallabhai Tonk
    谢特莫蒂沙神庙Sheth Motisha Tonk
萨特那Satna
萨瓦迪Savadi
  婆罗贺摩提婆神庙Brahmadeva Temple
萨希亚德里山脉Sahyadri Hills
塞杰克普尔Sejakpur
  纳沃拉卡神庙Navalakhā Temple
塞林伽巴丹Seringapatam
  奇克-哈纳索盖村Chik Hanasoge
  耆那教神庙Jain Basti（Temple）
塞纳德沙（地区）Seunadesha
塞图尔Settur
三佛齐（室利佛逝）Śri Vijaya
桑吉Sanchi
  阿育王柱Asoka's Pillar
  1号窣堵坡（大窣堵坡，大塔）Stupa I（Stupa No. 1，Great Stupa）
  2号窣堵坡Stupa II（Stupa No. 2）
  3号窣堵坡StupaIII（Stupa No. 3）
  4号窣堵坡StupaIV（Stupa No. 4）
  7号窣堵坡StupaVII（Stupa No. 7）
  17号庙Temple No. 17
  18号庙Temple No. 18
  40号庙Temple No. 40
  45号庙（寺院）Temple（Monastery）No. 45
  51号寺（精舍）Vihara 51
  26号柱Pillar 26
桑拉翁（县）Samraǒng
  吉索山寺Phnom Chisor

瑟特伦杰耶Śatruñjaya
瑟瓦迪Sewāḍī
  摩诃毗罗（大雄）神庙Mahāvīra Temple
森杜尔Sandur
  帕尔沃蒂（雪山神女，最初称库马拉斯瓦米）庙Pārvatī Temple（Kumaraswamy Temple）
森基塞Sankissa
森卡萨Sankassa
沙赫尔-索赫塔Shahr-i-Sokhta
沙吉基-德里Shahjiki-Dheri
  迦腻色伽窣堵坡Stupa of Kanishka
沙吞杰亚山Mount Shatrunjaya
"上"卡纳塔克邦 'Upper' Karnataka
绍拉施特拉地区Saurashtra Region
绍拉斯特拉（苏罗湿陀罗）Saurāṣṭra
舍卫城（室罗伐，罗伐悉底）Sravastī
  安古利马拉窣堵坡Angulimala Stupa
  须达多窣堵坡（"给孤独长者"窣堵坡，故居）Anathapindika Stupa（Sudatta Stupa，Kachchi Kuti）
  祇园精舍（祇树给孤独园）Jetavana Vihara
    F寺Monastery F
    喜智菩提树（阿难菩提树）Anandabodhi tree
    香室（佛陀安居处）Gandhakuti（Mulagandhakuti）
斯拉瓦纳-贝尔戈拉Śravaṇa Belgoḷā
  卡蒙达拉亚神庙Cāmuṇḍāraya Temple（Chavundaraya Basadi）
  卡姆巴达哈利村Kambaḍahaḷḷi
  五祠堂神庙Panchakuta Basadi
斯里卡拉哈斯蒂Srikalahasti
  寺庙建筑群Temple Complex
斯里伦格姆岛（印度南方，泰米尔纳德邦，位于现蒂鲁吉拉帕利县）Śrīraṅgam, Island of（Tiruchirāppaḷḷi District）
  杰姆布凯斯沃拉神庙Jambukeśvara Temple
  伦加纳特寺庙（"科伊尔"）Raṅganātha Temple（Koil）
    祭品台Balipīṭha
    迦鲁达柱厅Garuda Maṇḍapa
    贾亚特里祠堂Gayatri Shrine
    克里希纳韦努戈珀勒祠堂Kṛṣṇaveṇugopala Shrine（Venugopala Shrine）
    马柱厅Horse Maṇḍapa（Śeṣagirirāyar，Seshagiri Mandapa）
    千柱厅Hall of a Thousand Pillars
    神后祠堂Shrine of the God's Consort

柱亭Dhvajastambha

斯里那加Srinagar

斯里尼瓦瑟纳卢尔Śrīnivāsanallūr

科伦格纳特神庙Koranganātha Temple

斯里维利普图尔Śrīvilliputtur

安达尔神庙Andal Temple

斯灵盖里Sringeri（Sri Kshetra Shringeri）

维迪亚申卡拉神庙Sri Vidyashankara Temple

斯皮提谷地Spiti Valley

塔布寺Tabo Monastery（Tabo Chos-Khor Monastery）

凯伊寺Key Monastery

斯瓦特（县）Swāt

布卡拉窣堵坡Butkara Stupa

斯瓦特谷地Swat Valley

古尼亚尔寺院Guniyar Monastery

宋河Son River

苏迪Sudi

水池Tank

苏尔赫-科塔尔（"红色山冈"）Surkh Kotal

苏伦德拉讷格尔县Surendranagar District

马德瓦井Mādhavā Vāv

苏门答腊（岛）Sumatra（Island of）

苏纳克Sunak

尼拉肯特庙Nilakaṇtha Temple

苏佩（谷）Supe

苏钦德拉姆Sucindram

斯塔努纳特斯瓦米神庙Stānunāthasvāmī Temple

孙德尔本斯（国家公园）Sundarbans

杰塔尔神庙Jaṭār Deul

索加尔Sogal

索梅斯沃拉神庙Someshwara Temple

索默拉马Somarāma

索梅斯沃拉神庙Someśvara Temple

索默纳特-帕坦Somanātha Pāṭan（Prabhās Pāṭan）

索默纳特大庙Great Temple of Somanātha

索姆纳特普尔Somnathpur（Somnāthpuram）

凯沙瓦祠庙Keshava Temple

索纳里Sonari

T

塔德珀特里Tāḍpatri

钦塔拉拉亚神庙Chintalarayaswamy Temple

门塔Gopura

塔哈尔省Takhar Province

塔克特苏莱曼Takht-i-Sulaiman Hill

塔克特-伊-巴希（"泉水宝座"）Takht-i-Bahi

佛寺建筑群Buddhist Monastery Complex

窣堵坡院Court of the Stupa

塔克西拉（中国古籍作"呾叉始罗"或"竺刹尸罗"）Taxila（Taksasila）

德尔马拉吉卡寺院（法王塔佛寺）Dharmarajika Monastery

大窣堵坡Great Stupa

金迪亚尔Jandial

神庙Temple

卡拉文Kalawan

精舍Vihara Monastery

库纳拉窣堵坡Kunala Stupa（Temple of Kunal）

莫赫拉-穆拉杜寺院Mohra Muradu Monastery

还愿窣堵坡Votive Stupa

主窣堵坡Main Stupa

皮尔丘Bhir Mound

乔利恩寺院（招莲寺院）Jaulian Monastery

中央主窣堵坡Main Central Stupa

塔克西拉大学Taxila University

王宫Royal Palace

西尔卡普Sirkap

"双头鹰祠庙"（窣堵坡）'Shrine of the Double-headed Eagle'（Double-Headed Eagle Stupa）

圆塔Round Stupa

圆头庙Apsidal Temple

塔克西拉谷地Taxila Valley

塔拉Tala

提婆拉尼祠庙Devarānī Temple

塔里克塔Talikota

塔利Tali

尼蒂亚维恰雷斯沃拉（湿婆）神庙Nityavichāreśvara（Śiva）Temple

塔利科塔Talikota

塔帕-萨尔达Tapa Sardār

勇武女神像Mahiṣāsuramardinī

泰尔Ter

泰卡拉科塔Tekkalakota

7号窟Cave 7

8号窟Cave 8

12号窟Cave 12（Vyaghra Gumphā）

13号窟Cave 13

14号窟Cave 14

20号窟Cave 20

乌达耶吉里-毗底沙柱头Udaigiri-Vidisha Capital

乌达耶吉里（位于奥里萨邦，布巴内斯瓦尔附近）Udayagiri

　1号窟（王后窟）Cave 1（Rāṇī Gumphā）

　3号窟（阿难塔洞窟寺）Cave 3（Ananta Cave Temple）

　10号窟（迦内沙窟）Cave 10（Ganesha Gumphā）

　12号窟（巴格窟）Cave 12（Bāgh Gumphā）

　14号窟（象窟）Cave 14（Hathi Gumphā）

乌代布尔（拉贾斯坦邦）Udaipur

　杰格迪什神庙Jagdish Temple

　杰格-尼瓦斯Jag Niwas

　莫汉庙Mohan Mandir

　市宫City Palace

乌代布尔（中央邦）Udaipur（Udayapur）

　乌代斯沃拉神庙Udayeśvara Temple

乌尔拉尔Ullal

　神庙Temple

乌浒河（今阿姆河）Oxus River（Amu Darya River）

乌赖尤尔（现蒂鲁吉拉帕利县）Uraiyur（Tiruchirāppaḷḷi District）

　上窟寺Upper Cave-temple

乌默尔格Umarga

　三联祠堂神庙Trikūṭa Shrines（Triple-Shrined Temple）

乌姆里Umri

　太阳神庙Surya Temple

乌什库尔（古代胡维斯卡普拉）Ushkur（Huviṣkapura）

　窣堵坡Stupa

乌沃省Uva，province of

邬阇衍那Ujjayini

无畏山（地区）Abhayagiri

X

西戈达瓦里县West Godavari District

西孟加拉邦West Bengal Pradesh

西苏帕尔格Śiśupālgarh

柱厅Mandapa

西瓦尔Sirval

希德普尔Siddhpur

　鲁德勒默哈拉亚湿婆神庙Śaiva Rudramahālaya Temple

希拉布尔Hirapur

　六十四瑜伽女祠堂Chausathi Jogini Mandir（64 Joginis Temple）

希勒曼德河Hilmand River

希雷赫德格利Hire Hadagali

　卡莱什神庙Kalleshwara Temple

希沃普里山Shivapuri Hill

锡尔布尔Sirpur

　罗什曼那祠庙Lakṣmaṇa Temple

锡吉里耶（狮岩）Sīgiriya

　宫堡Fortress-cum-Palace

锡罗希Sirohi

　巴湿伐那陀神庙Pārśvanātha Temple

喜马拉雅（山，地区）Himalayas

喜玛偕尔邦Himachal Pradesh

"下"卡纳塔克邦'Lower' Karnataka

象岛Elephanta，Island of

　1号窟（大窟、湿婆窟）Cave 1（Great Cave、Siva Cave）

　2号窟Cave 2

　3号窟Cave 3

　4号窟Cave 4

　5号窟（未完成）Cave 5

　6号窟（西塔拜石窟寺）Cave 6（Sitabai's Temple Cave）

　7号窟Cave 7

　东山（窣堵坡山）Eastern Hill（Stupa Hill）

　西山（教规山）Western Hill（Canon Hill）

辛赫切勒姆Siṁhacalam

　筏罗诃-那罗希摩神庙Varāha-Narasiṁha Temple

辛讷尔Sinnar

　贡德斯沃拉祠庙Goṇḍeśvara（Gondeshvara）Temple

　布米贾祠堂Bhumija Shrine

信德（省）Sindh

Y

雅典Athens

　帕提农神庙Parthenon

雅姆纳纳加尔（县）Yamunanagar

亚历山大里亚Alexandria

灯塔Pharos

亚穆纳河（朱木拿河）Yamunā（Jumna）

亚帕胡瓦Yapahuva

　　宫殿（宫堡）Palace（Rock-Fortress）

亚述Assyria

盐岭Salt Range

伊朗高原Iranian plateau

伊塔吉Ittagi（Itagi）

　　摩诃提婆（"伟神""大自在天"）神庙Mahādeva Temple

印度河Indus River

印多尔Indore

　　加尔加杰神庙Gargaj Temple

斋浦尔Jaipur

　　宫殿Palace

　　　"风宫"Hawa Mahal

　　太阳门Suraj Pol

　　月亮门Chand Pol

占西Jhansi

爪哇Java

中天竺（"中国"，地区）Madhyadeśa

中央邦Madhya Pradesh

朱纳格特Junagadh

　　乌帕尔科特石窟Uparkot Caves

附录二 人名（含民族及神名）中外文对照表

A

阿伯亚·拉杰Abhaya Raj

阿卜杜勒·卡迪尔Abdul Qadir

阿布杜尔·拉赫曼汗Abdur Rahman Khan

阿布勒·法兹·伊本·穆巴拉克Abu'l-Fazl ibn Mubarak

阿阇世Ajatasatru（Ajatshatru）

阿尔贝特·蒂桑迪耶，M.，Albert Tissandier，M.

阿尔弗雷德·夏尔·奥古斯特·富歇Alfred Charle Auguste Foucher

阿尔琼Guru Arjan

阿加波迪二世Aggabodhi II

阿克巴Akbar

阿目佉跋沙一世Amoghavarsha I

阿南特·萨达希夫·阿尔泰克尔Anant Sadashiv Altekar

阿尼瓦里塔·贡达Anivarita Gunda（Gunda Anivaritacharya）

阿帕斯马拉（侏儒）Apasmāra

阿槃底跋摩Avantivarman

阿耆尼密陀罗（火友王）Agnimitra

阿希尔娅拜·霍卡尔Ahilyabai Holkar

阿耶波多Aryabhata

阿育王（"无忧王""天爱见喜王"）Asoka（Ashoka）

阿兹特克（人）Aztec

艾哈迈德·哈桑·达尼Ahmad Hasan Dani

爱德华·摩根·福斯特Edward Morgan Forster

爱德华·史密斯Edward Smith

安德烈亚斯·福尔瓦森Andreas Volwahsen

安曼（女神）Amman

安条克Antiochus

奥朗则布Aurangzeb

B

巴胡巴利Bahubali

巴克蒂亚尔·卡尔吉Bakhtiyar Khalji

巴拉拉二世Ballala II

巴尼斯特·弗莱彻Banister Fletcher

巴努笈多Bhanugupta

巴湿伐那陀（传为耆那教第23位祖师）Pārśvanātha

巴特摩巴罗波（传为耆那教第6位祖师）Padmaprabhā

拔斯卡跋摩Bhaskar Varman

跋陀罗巴睺Bhadrabahu

白匈奴（人）White Huns

班纳吉，R. D.，Banerji，R. D.（又名Rakhaldas Bandyopadhyay）

保罗·贝尔纳Paul Bernard

本德勒（部族）Bundela

本哈明·普雷西亚多-索利斯Benjamín Preciado-Solís

比默·德沃Bhīma Deva

彼得·克拉克Peter Clark

宾头娑罗（适实王）Bindusāra

波阇Bhoja

波鲁斯Porus

布伐奈迦巴忽四世Bhuvanekabahu IV

布卡一世Bukka Raya I

布里哈达拉萨Brihadratha Maurya

布帕伦陀罗·马拉Bhupalendra Malla

布帕廷陀罗·马拉Bhupatindra Malla

布特希坎（偶像破坏者）Sikandar Butshikan（Sikandar）

C

查理·斯特拉恩Charles Strahan

查理曼（大帝）Charlemagne

超日王二世Vikramāditya II

成护Radhagupta

成吉思汗Genghis Khan

D

达刹约尼（婚姻女神）Dākshāyani

达摩波罗（法护王）Dharmapāla

达沙拉塔Dasharatha

戴维·布雷纳德·斯普纳David Brainerd Spooner

丹迪杜尔迦Dantidurga

道格拉斯·巴雷特Douglas Barrett

德巴拉·米特拉Debala Mitra

德米特里Demetrius

德瓦·拉亚二世Deva Raya II

狄奥多特一世Diodotus I Soter

迪格森达（将军）Dighasanda，General

迪克西塔尔，D. K.，Dikshitar，D. K.

阇耶普拉卡什·马拉Jayaprakash Malla

阇耶亚克夏·马拉Jayayakshya Malla（Yaksha Malla、Yaksa Malla）

杜尔伽（女神，难近母）Durgā

杜尔拉巴伐檀那Durlabhavardhana

杜特加默尼Dutthagāmanī

E

厄尼斯特·麦凯Ernest Mackay

厄特尔，F. O.，Oertel，F. O.

厄尤特提婆Acyuta Deva

F

伐罗诃密希罗（彘日）Varahamihira

筏罗诃（野猪，有时为人形猪头，毗湿奴十种化身之一，另译瓦拉哈）Varāha

筏摩那（侏儒，毗湿奴十种化身之一）Vāmana

筏驮摩那（大雄）Vardhamāna（Mahāvīra）

法显Fa-Hsien

梵天（婆罗贺摩，神）Brahma

菲鲁兹·沙·图格鲁克Firuz Shah Tughluq

费朗Ferrand

弗朗西斯·布坎南-汉密尔顿Francis Buchanan-Hamilton

弗雷德里克·阿舍Frederick Asher

G

戈南迪亚三世Gonandiya III

戈普拉杰Gopraj

戈特伯亚Gothabhaya

格杰巴胡一世Gajabahu I

H

哈奴曼（神猴）Hanuman

海德·阿里Hyder Ali

诃梨西那（4世纪笈多王朝宫廷诗人）Harishena（Harsena）

诃梨西那（5世纪印度南部伐迦陀迦王朝国王）Harishena（Harisena）

赫尔格鲁Hergrew

赫尔曼·戈茨Hermann Goetz

赫耳墨斯（神）Hermes

赫拉克勒斯（海格立斯，神话人物）Herakles

赫曼特·卡达姆比Hemanth Kamdambi

亨利·库森斯Henry Cousens

亨利·帕芒蒂埃Henri Parmentier

亨利·施蒂尔林Henri Stierlin

亨廷顿Huntington

J

俱卢同伽一世Kulottuṅga I

俱卢同伽三世Kulottuṅga III

俱毗罗（财神）Kubera

净饭王Suddhodana

寂护Śāntarakṣita

戒日王Harṣavardhana

杰根纳特（神，毗湿奴形态之一）Jagannath

贾伊·辛格二世Jai Singh II

贾伊斯沃尔，K. P.，Jaiswal，K. P.

贾汉吉尔（查罕杰）Jahāngir

迦内沙（象头神）Gaṇeśa（Ganesha）

迦叶波一世Kasyapa I（Kassapa I，Kashyapa I）

迦梨陀娑Kālidāsa

迦腻色伽大帝（一世）Kanishka the Great

迦鲁达（毗湿奴坐骑大鹏金翅鸟，鹫人，另作迦鲁陀，迦楼罗，迦卢荼，揭路荼）Garuda

鸠摩罗笈多一世Kumaragupta I

K

喀罗吠刺Kharavela

卡尔诃那Kalhana

卡莉（女神）Kali

卡尼特-塔帝沙Kanit-Thatissa

卡希纳特·纳拉扬·迪克西特Kashinath Narayan Dikshit

凯瑟琳·贝克尔Catherine Becker

克拉底（人）Kirati

克里斯托弗·C. 多伊尔Christopher C. Doyle

克里希纳（神，黑天，毗湿奴的主要化身）Krishna

克里希纳一世(奎师那一世、黑天一世)Kṛṣṇa I (Krishna I)

克里希纳三世Krishna III

克里希纳提婆Krishna Deva（Krishnadevaraya，Kṛṣṇade-varāya）

牟马拉帕拉Kumarapala

神邦钢陶（室利·膺沙罗铁）Pho Khun Bang Klang Hao（Pho Khun Sri Indraditya）

郭尔喀（族）Gurkhas

L

立德库穆德·穆凯吉Radhkumud Mookerji

拉迪拉斯米Radhilasmi

拉贾拉贾一世Raja Raja I

拉杰普特（人）Rājput

拉卡纳·丹德沙Lakkana Dandesha

拉克斯米·纳尔辛格Laksmi Narsingha

拉克希米（吉祥天女）Lakshmi

拉利达迪蒂亚·穆克塔皮陀Lalitāditya Muktāpīḍa

拉梅什·尚卡尔·古普特Ramesh Shankar Gupte

拉莫特Lamotte

拉其普特（人）

拉特纳·马拉Ratna Malla

拉特纳沃尔达纳Ratnavardhana

拉詹Rajan

劳伦斯·奥斯汀·沃德尔Laurence Austine Waddell

勒舍波提婆/阿底那陀Rsabhadeva（Rishabha）/Ādi-nātha

离车（族）Licchavis

楼陀罗西那二世Rudrasena II

伦吉特·马拉Ranjit Malla

罗伯特·吉尔Robert Gill

罗茶罗乍一世Rājarāja I

罗兰Rowland

罗摩（史诗人物）Rama

罗婆那（十头魔王）Ravana

罗伊·C. 克拉文Roy C. Craven

罗贞陀罗一世Rājendra I

罗贞陀罗三世Rājendra III

洛卡玛哈提毗Lokhamahadevi

M

马杜卡尔·凯沙夫·达瓦利卡Madhukar Keshav Dhava-likar

马杜苏丹·厄米拉尔·达基Madhusudan Amilal Dhaky

马哈拉纳·昆巴Maharāṇa Kumbhā（Rana Kumbha）

马哈茂德（迦色尼王朝的）Mahmud of Ghazni

马哈詹Mahajan

马卡姆·基托Markham Kittoe，Major

马纳提婆Mānadeva

马图拉Mathura

迈克尔·D·威利斯Michael D.Willis

迈克尔·迈斯特Michael Meister

麦加斯梯尼Megasthenes

毛里齐奥·托西Maurizio Tosi

摩诃目犍连（大目犍连）Mahāmaudgalyāyana（Mog-gallāna、Maudgalyāyana）

摩诃那摩Mahanama

摩诃陀罗·马拉Mahendra Malla

摩诃陀罗跋摩一世Mahendravarman I

摩哂陀（长老）Mahinda

摩哂陀二世Mahinda II

摩哂陀四世Mahinda IV

摩耶提毗Mayadevi

莫蒂默·惠勒Sir Robert Eric Mortimer Wheeler

默格文纳一世Maghavanna I

默哈塞纳（摩诃舍那）Mahāsena

穆罕默德·乌马尔Mohammed Omar

穆凯吉，P. C.，Mukerji，P. C.

穆特赖耶尔（家族）Muttaraiyars

N

那迦（蛇神）Nagas

那罗希摩（"狮-人"，毗湿奴十种化身之一，半人半狮造型）Nṛsiṁha（Narasiṁha）

那罗希摩提婆一世Narasimha Deva I（Narasiṁhadeva I）

纳迪尔·阿夫沙尔Nader Afshar

纳拉索巴Narasobba

纳勒辛哈跋摩一世（马马拉，"巴达米的征服者"）Narasimhavarman I（Māmalla，Vāṭāpikoṇḍa）

纳勒辛哈跋摩二世（拉杰辛哈·帕拉瓦）Narasiṁha-varman II（Rājasiṁha Pallava）

土火罗（族）Tocharian

弋勒密Ptolemy

弋马斯·科里亚特Thomas Coryat

宅鲁婆·达拉沃尔沙Dhruva Dharavarsha

W

瓦拉哈德瓦Varahadeva

瓦纳万玛提毗Vanavanmadevi

瓦萨巴Vasabha

瓦桑特·欣德Vasant Shinde

瓦特卡尔Wartekar

瓦兹Vats

威尔森，F. C.，Wilsen，F. C.

韦利加马·斯里苏曼加拉Weligama Sri Sumangala

维阇耶巴胡一世（大帝）Vijayabahu I（the Great）

维阇耶洛耶·朱罗Vijayalaya Chola

维杰亚迪蒂亚（胜日王）Vijayāditya-Satyaśraya

维拉塞纳Vīrasena

维罗摩·朱罗Vikrama Coḷa

维马尔沙Vimal Shah

维纳亚迪蒂亚Vinayāditya

文森特·阿瑟·史密斯Vincent Arthur Smith

沃尔夫冈·科恩Wolfgang Korn

沃尔特·M. 斯平克Walter M. Spink

沃特加默尼Vatagāmanī

乌德娅玛蒂Udayamatī

X

西迪·那罗希摩·马拉Siddhi Narasimha Malla

希代卡（女神）Sidaika

希卡里普拉·伦加拉塔·拉奥Shikaripura Ranganatha Rao

悉达多·乔达摩（释迦牟尼、佛陀）Siddhartha Gautama（Śakyamuni、Buddha）

幸车王Bhagīratha

玄奘Hsüan-Tsang

Y

雅利安（人）Aryan

亚当·哈迪Adam Hardy

亚历山大·坎宁安Sir Alexander Cunningham

亚历山大大帝（马其顿亚历山大）Alexander the Great（Alexander of Macedon）

鸯输伐摩（光胄王）Amsuvarma

耶繁那（人）Yavana

嚈哒（人）Huna

伊拉沃特姆·马哈德万Iravatham Mahadevan

蚁垤Valmiki

因陀罗（帝释天，战神）Indra

幼科拉迪德斯Eucratides

原始达罗毗荼（人）Proto-Dravidians

约根陀罗·马拉Yogendra Malla（Yoganarendra Malla）

约翰·博德曼John Boardman

约翰·马歇尔（爵士），John Marshall，Sir

约翰·史密斯John Smith

约翰·威尔逊John Wilson

约翰·M. 罗森菲尔德John M. Rosenfield

约瑟夫·哈金Joseph Hackin

Z

旃陀罗笈多（月护王，印度孔雀王朝创立者）Chandragupta（Candragupta，Candracottus）

旃陀罗笈多一世（印度笈多王朝国王）Chandragupta I

旃陀罗笈多二世（超日王）Chandragupta II Vikramāditya

詹姆斯·弗格森James Fergusson

詹姆斯·普林塞普James Prinsep

詹姆斯·C. 哈尔James C. Harle

附录三　主要参考文献

HARLE J C.The Art and Architecture of the Indian Subcontinent[M].Yale University Press，1994.

BUSSAGLI M.Oriental Architecture/1[M].New York：Electa/Rozzoli，1989.

STIERLIN H.Hindu India，From Khajuraho to the Temple City of Madurai[M].Köln：TASCHEN，1998.

HARDY A.The Temple Architecture of India[M].WILEY，2007.

MICHELL G.The New Cambridge History of India，Architecture and Art of Southern India[M].Cambridge University Press，1995.

MURTHY C K.Saiva Art and Architecture in South India[M].Sundeep Prakashan Delhi，1985.

MICHELL G.Hindu Art and Architecture[M].New York：Thames & Hudson，2000.

FREEMAN M，SHEARER A.The Spirit of Asia，Journeys to the Sacred Places of the East[M].New York：Thames & Hudson，2000.

SARKAR H.Studies in Early Buddhist Architecture in India[M].New Delhi：Munshiram Manoharlal Publishers Pvt Ltd，1993.

BROWN P.Indian Architecture（Buddhist and Hindu）[M].TARAPOREVALA，1971.

DEVA K.Temples of North India[M].New Delhi：National Book Trust，2002.

FERGUSSON J，BURGESS J.The Cave Temples of India[M].Cambridge University Press，2013.

MARCHAL H.L'Architecture comparée dans l'Inde et l'Extrême-Orient[M].Paris：Les Éditions d'Art et d'Histoire，1944.

BURGESS J.The Ancient Monuments，Temples and Sculptures of India：Illustrated in a Series of Reproductions of Photographs in the India Office，Calcutta Museum，and Other Collections：with Descriptive Notes and References[M].London：W. Griggs，1897.

KORN W.The Traditional Newar Architecture of the Kathmandu Valley，The Sikharas[M].Kathmandu：Ratna Pustak Bhandar，2014.

ALI D B.Discovering Nepal，Kathnandu Valley，Mountains，People，Temples & Festivals[M].New Singh Books & Cards，2014.

GUNARATHA R.Sri Lanka[M].Casa Editrice Bonechi，2013.

SENEVIRATNA A.The Temple of the Sacred Tooth Relic，Vol.1[M].Vijitha Yapa Publications，2010.

CRUICKSHANK D（ed.）.Sir Banister Fletcher's A History of Architecture[M].20th edition，Architectural Press，1996.

STIERLIN H.Comprendre l'Architecture Universelle，II[M].Office du Livre，1977.

BENEVOLO L.Storia della Città[M].Editori Laterza，1975.

MANSELL G.Anatomie de l'Architecture[M].Berger-Levrault，1979.